Professeur Cheng Man-Ch'ing

Un grand maître de Tai Chi parle

Publié par North Atlantic Books – Berkeley, California
© Wolfe Lowenthal, 1991

© *Le Courrier du Livre*, 1996

Tous droits de reproduction, traduction ou adaptation,
réservés pour tous pays.

ISBN : 2-70290-347-9

Wolfe Lowenthal

Professeur Cheng Man-Ch'ing

Un grand maître de Tai Chi parle

Traduit de l'anglais par
Vincent BÉJA

Le Courrier du Livre
21, rue de Seine – 75006 Paris

Collection « Trésors des Arts Martiaux »
dirigée par Serge Mairet et Bernard Nisse

Jusqu'à présent, la plupart des grands ouvrages concernant les arts martiaux traditionnels de l'Asie étaient rédigés, marché oblige, en anglais.

La collection « Trésors des Arts Martiaux » créé par *Le Courrier du Livre*, répare cette erreur. Avec la traduction par Vincent Béja du chef-d'œuvre de Wolfe Lowenthal consacré à l'enseignement du Professeur Cheng Man Ch'ing, le « Maître des cinq excellences » (Taijiquan, médecine, peinture, poésie, calligraphie), l'éditeur frappe d'entrée très fort et il entend bien récidiver pour satisfaire la demande et l'exigence qualitative des amoureux de l'art de vivre d'Orient. Que cela soit en exhumant les textes classiques ou en présentant des personnalités originales avec, à la clef, on l'espère, une vision renouvelée et plus approfondie des trésors des arts martiaux.

À paraître :

- *Les Classiques du Taiji*, Waysun Liao

- *Lao-Tzu : Mes mots sont très faciles à comprendre*, Man-Jan Cheng

A Tam

Remerciements

Je veux remercier Julianna Cheng, Liu Hsi-hung, Bob Smith, John Lang, Ben Lo, Nicole Gregory, Ken Van Sickle, Lin Farley, Ed Young et John Wolfe. Sans leur aide et leur soutien ce livre n'aurait pas vu le jour.

W.L.

Préface

À la mort de Cheng Man-ch'ing il y a quinze ans j'avais écrit – empruntant les mots de William Hazlitt à la mort du joueur de handball John Cavabagh – que cet homme "était non seulement sans rival mais encore sans second" en Tai Chi. Avec ce qui s'est passé depuis, je dirais que c'était encore en dessous de la vérité. Oh oui, nous avons 10.000 petits maîtres vibrillonnnant qui virevoltent ici et là, des oiseaux qui, reniant l'apprentissage, prétendent tout connaître alors qu'ils ne comprennent rien (bien évidemment il y a encore d'excellents enseignants mais ils semblent submergés par la foule des commerçants, plus à l'aise avec le dollar qu'avec l'art).

Le Taichi évolue maintenant vers un sport de tournois et de trophés de bazar dans lesquels une forme interne de méditation en mouvement est jugée selon les critères d'une danse externe. Lors d'une récente compétition un héros hirsute montra un enchaînement frénétique qui ressemblait plus à une crise de rage qu'à du Taichi. Un type dont la forme coulait plutôt bien fut recalé au cours de ce même tournoi parce que, lui dit-on, "Vous donnez l'impression de faire ça comme si vous étiez chez vous". Les juges (lorsque je demandai à l'un d'eux depuis combien de temps elle pratiquait le Taichi, elle me répondit "Oh je ne connais pas le Taichi, je suis un juge") récompensent les performances pittoresques alors que le vrai Taichi a toujours un goût de terre et de chez soi. Tombé bien bas, le Taichi commercial n'est que superficialité.

De même la poussée des mains a été rabaissée au niveau d'un match junior alors que c'était traditionnellement – après tout le Taichi vient du Taoïsme qui est incompatible avec toute compétition – un moyen paisible de tester sa propre forme avec un partenaire tout en adhérant au principe fondamental de "ni résistance ni laisser-aller" élaboré il y a des siècles. La poussée des mains (parce que les termes que nous employons affectent notre attitude, j'utilise dans mes cours l'expression des "mains qui sentent") faite pour l'égo, les dollars et les foules devient "la bousculade des mains", les principes sont oubliés et le Taichi dégénère en bagarre de chiffonniers (il n'y a pas bien longtemps deux équipes féminines étaient si excitées dans leur Taichi où il faut gagner à tout prix qu'elles en sont venues aux poings dans une mêlée générale). Un jeune lutteur de sumo l'aurait facile dans de tels tournois.

Qu'aurait pensé Cheng Man-ch'ing de cette dégradation ? (Après tout il était plus Confucéen que Taoïste, ni opposé à toute compétition, et il m'avait présenté dans une réunion du club de la ville de New York comme quelqu'un qui avait traversé l'Orient en défiant les autres boxeurs.) Mais je le revois encore hochant négativement la tête et agitant le doigt vers moi en me réprimandant après que j'aie déployé trop d'énergie face à un partenaire de valeur : "N'utilise pas la force **(li)**, détends-toi, investis dans la perte, ne sois pas cupide". Et je sais ce qu'il aurait dit. Pour lui, si le Taichi ne s'accordait pas avec ces mots de Shakespeare : "Use de bonté avec tout", ce n'était pas du Taichi. Si ce n'était pas quelque chose de paisible, si cela ne grandissait et ne s'accomplissait pas progressivement, c'était quelque chose d'autre. A ses yeux, le Taichi, comme la vérité, était étranger aux modes et aux époques. On devait s'efforcer de le pratiquer correctement ou bien y renoncer. C'est le vieux dicton Zen "Si l'homme faux use de méthodes justes [le Taichi], les méthodes justes servent à de mauvaises fins". Amen.

Le petit essai paisible de Wolfe Lowenthal affermira, je pense, avec ses aperçus de sagesse, ma perception de la manière dont Cheng vivait le Taichi. Cela raconte comment un jeune écrivain réagit à cet étrange Chinois qui fit son apparition à New York vers le milieu des années 60 et y séjourna une dizaine d'années avant de retourner mourir à Taiwan en 1975. Dans une ville de fric où la névrose est une vertu cardinale, le centre de Taichi fondé par Cheng devint rapidement un oasis d'apprentissage. Lors de mes visites là bas j'étais régulièrement abordé par un jeune homme tranquille avec un grand sourire et un tas de questions. Sa forme et ses "mains qui sentent" s'améliorèrent mais il ne se départit jamais de ses manières affables. Cela me poussa un jour à dire aux trois anciens que la personne du club qui représentait le mieux le Taichi était ce jeune. Cet homme qui, depuis, est devenu un enseignant dans cet art, est l'auteur de ce livre.

Pendant que je lisais son texte j'éprouvais un mélange d'émotions. Après avoir écrit sur Cheng dans "Boxe Chinoise : Maîtres et Méthodes" (1980) de nombreuses informations nouvelles étaient apparues le concernant, matériaux que je prévoyais d'utiliser un jour dans un nouveau livre sur le Taichi. J'avais la pensée égoïste d'avoir été devancé. Cette pensée égocentrique s'évanouit bientôt tandis que je me représentais que la vérité est trop belle pour être possédée – il vaut mieux qu'elle brille à l'extérieur plutôt que de ne jamais voir le jour. Et puis je voyais avec quel charme Wolfe mettait en valeur les paroles et les faits du Maître et en faisait la trame de son livre. Et il y en avait pas mal que je rencontrais pour la première fois. J'ignorais par exemple que Cheng s'était lancé un moment dans le bowling et l'image de lui, cheveux en brosse, avec la moustache et la robe, en train de lancer une boule dans le couloir me fascina, comme le firent plus loin les histoires montrant comme il était peu doué pour jouer au poker ou pour comprendre les voyages spatiaux.

Lowenthal est formidable aux mains qui sentent, en particulier pour frustrer quelqu'un en le poussant sans même bouger les bras. Avec Cheng, une fois, il fit un excès de zèle et leurs têtes se heurtèrent. Cela me rappelle un jour où je poussais avec Cheng et où j'avais délibérément vidé mon esprit de crainte qu'il ne sache y lire. J'attaquai et fut choqué de le sentir "contre" moi. Il rit et demanda "Pourquoi as-tu arrêté ? Tu avais l'avantage !" Je balbutiai que j'avais été si étonné de le sentir pour la première fois contre moi que je ne pouvais plus bouger. Nous continuâmes ; je revins à mon habituel esprit "tactique" et, pour tous mes efforts, je fus neutralisé et poussé plusieurs fois. Alors je supprimai l'esprit tactique en pensant au baseball et quand j'attaquai il fut de nouveau "contre" moi. Mais, là encore, j'échouai à poursuivre mon avantage et il rit pensant que je m'étais arrêté en croyant à un piège. Mais ce n'était pas ça : je n'avais encore jamais senti ses mains et il me fallait m'y habituer. Bien entendu cela ne se reproduisit jamais plus.

Au sujet du talent de Cheng dans "les mains qui sentent", Lowenthal met en lumière le fait que sa maîtrise ne provient pas de réflexes super-rapides : une personne de soixante dix ans ne peut se mesurer avec des plus jeunes sur ce terrain – mais de quelque chose d'autre. Cheng disait souvent que, lorsqu'il touchait quelqu'un, il "connaissait" immédiatement cette personne. Il est devenu évident pour moi que, d'une certaine manière, il "entendait" l'intention de son partenaire pour bouger suffisamment tôt pour le neutraliser et le contrer. Le mécanisme est de l'ordre d'une super-sensibilité plutôt que de super réflexes de défense. J'ai lu récemment comment le scientifique Benjamin Libet avait découvert qu'à chaque fois qu'une personne décidait de faire un petit mouvement du doigt à un moment de son choix on détectait un changement caractéristique – appelé potentiel de préparation – dans l'électroencéphalogramme un peu moins d'une demi seconde avant qu'elle soit consciente de son intention de bouger (et, bien sûr, encore plus longtemps avant que le doigt ne bouge réellement). Il semble que le cerveau ait fait le choix avant que la personne en soit consciente. Cette évidence scientifique suggère que Cheng devait être capable d'entendre le signal du potentiel de préparation (ses "Treize Traités" abordent certains détails de ce phénomène).

Ce livre est séduisant par son absence d'artifice. Dans le bouillonnement de mots, de paragraphes et de chapitres apparemment sans structure il y a de profondes visions et des petits morceaux de fête d'une écriture parfaite (par exemple, notant la gentillesse de Cheng : "Sa délicatesse résonnait en ce lieu de douceur que j'avais verrouillé en moi et évacué de ma vie d'adulte par crainte d'être trop peu viril. Un des nombreux dons qu'il me fit fut la manière avec laquelle il me ramena à la meilleure part de moi-même.").

Tout au long du texte on parle beaucoup de "ça" dans le sens de l'acquisition de l'essence du Taichi. Des collègues avancés m'ont souvent demandé si je croyais que j'avais pigé "ça". Sans hésiter je disais non. Ma réponse est peut-être biaisée par l'aune à laquelle je me mesure – Cheng lui même. Mais bien que je n'aie peut-être pas atteint l'esprit, je comprend maintenant après trente ans ce que l'essence – les Britanniques l'appelle "quiddité" – implique. Quoi que cela puisse être, ce volume est rempli de "ça".

Tellement, d'ailleurs, que je crois que, s'il lisait ce petit volume si spirituel, Maître Cheng, à la fin, sourirait de son si irrésistible sourire et hocherait la tête en signe d'approbation.

Robert W. Smith
Flat Rock, N.C.

Introduction

Mon professeur, Cheng Man-ch'ing, est décédé en 1975. Encore aujourd'hui j'évite de repenser à sa mort, mais son enseignement est plus vivant que jamais.

Cependant je crois que, s'ils ne sont pas retranscrits, certains aspects de sa vie et de son enseignement seront perdus. C'est pourquoi j'ai écrit ce livre.

Maître Cheng était appellé "Maitre des Cinq Excellences" : Tai Chi Chuan, peinture, calligraphie, poésie et médecine. Sa préférée des cinq était le Tai Chi Chuan.

C'était un authentique maître de Tai Chi Chuan et il fut la source du développement de cet art aux Etats-Unis. Son influence provenait à la fois de la justesse de son enseignement et de l'impressionnante habileté dont il faisait montre. A plus de soixante dix ans, quand Cheng Man-ch'ing parlait des qualités "miraculeuses" du Tai Chi Chuan, ce n'était pas "faites ce que je vous dis" mais "faites ce que je fais".

Pendant une courte période Maitre Cheng s'était intéressé au bowling. Je ne l'ai jamais vu mais c'est amusant de l'imaginer vêtu de sa robe en train de lancer la boule dans le couloir. Et puis un jour il annonça qu'il arrêtait.

"Pourquoi, Lao Shr ?"

"Je suis un vieil homme, j'ai soixante dix ans passés. La boule est simplement trop lourde pour moi."

La merveille du Tai Chi Chuan c'est qu'en théorie il n'implique aucun usage de la force. Et on voyait un homme qui ne pouvait lancer une boule de bowling de 12 livres mais qui, sur un simple toucher, pouvait envoyer voler un homme de 120 kilos au travers de la pièce.

Il disait "Vous pouvez ainsi avec quatre livres diriger un bœuf de mille livres, si vous connaissez la méthode."

J'espère avoir acquis quelques lueurs de sa "méthode" au cours de mes 22 ans d'étude.

Une fois on a demandé à Maître Cheng "Quelle est la raison la plus importante d'étudier le Tai Chi Chuan ?"

"La raison la plus importante c'est que, lorsque vous aurez atteint le lieu d'où vous pourrez comprendre ce qu'est la vie, vous ayez encore assez de santé pour en profiter" fut sa réponse.

Plus que comme un moyen d'auto-défense, plus même que pour ses bienfaits au plan de la santé il enseignait le Tai Chi en tant que **Tao**, "art de vivre".

Dans ces pages on désignera Maître Cheng tantôt par "Lao Shr", "Maître" ou "Vieil homme". Il n'y a là aucun manque de respect, mais je veux refléter ainsi ce qui nous reliait à lui.

C'est une chose de pouvoir dire de Cheng Man-ch'ing "C'est mon professeur." Mon souhait c'est que Maître Cheng, s'il pouvait lire ce livre, puisse dire de moi : "Oui, c'est mon élève."

Chapitre 1

Après deux décennies d'étude j'ai commencé à comprendre que le Tai Chi est une discipline spirituelle. Pendant de nombreuses années j'ai eu le mot sur les lèvres mais l'aspect spirituel de la discipline n'avait aucune signification pour moi.

Mark Twain parle de ceci de la manière suivante : "Quand j'avais 16 ans j'étais choqué par l'ignorance de mon père, par le peu qu'il connaissait. Lorsque j'atteignis les 21, je fus étonné de tout ce qu'il avait appris en cinq ans."

J'ai un sentiment semblable avec Maître Cheng et ses enseignements sur le Tai Chi Chuan – le vieil homme commence à être plutôt digne d'intérêt.

Beaucoup d'entre nous qui étudiions avec le Maître le consultaient sur des sujets personnels aussi bien que sur des problèmes de santé et sur le Tai Chi.

Une fois, au début de mon étude, j'eus un choc émotionnel. Après 10 ans d'esclavage dans un boulot de dactylographe et l'écriture de pièces jamais produites, je cosignai un scénario qui commença à être filmé à Rome. L'entreprise qui m'avait engagé avait produit une douzaine de films à succès de seconde catégorie et c'était, avec celui-ci, sa première tentative de produire un film de "qualité". Non seulement je n'avais encore jamais eu de scénario accepté mais j'avais déjà signé pour en écrire un second. J'étais au comble de l'exaltation.

Soudain une série de coups du sort se succédèrent : la guerre israélo-arabe de 1973, l'embargo pétrolier qui s'en suivit et la panique boursière. Le financement du film se désintégra; l'entreprise fit faillite. Le tournage du film s'arrêta au bout d'à peine trois semaines de production.

Je rentrai de Rome désespéré, m'effondrai sur une chaise auprès du Maître et lui racontai cette histoire si déprimante. Mes rêves étaient enterrés.

"Détends-toi" dit-il. "Simplement détends-toi".

Il dit d'autres choses encore mais je ne m'en souviens plus. J'étais sidéré par son conseil élémentaire.

"Me détendre?" pensais-je en repartant. "Quelle foutaise! Ma vie est un désastre et il me dit de me détendre."

Les années ont passé. Des chocs émotionnels sont survenus et repartis et j'ai commencé à comprendre un point clé pour vivre équilibré : **nous** sommes responsables de nos vies. Non que nous puissions modifier quoi que ce soit à une crise boursière. Nous sommes "responsables" de notre réponse au flot des évènements.

Le Maître avait coutume de dire : "Plus on est détendu, moins on a peur. Et moins on a peur, plus on se détend". C'est la nature du progrès.

Tout évènement du monde engendre de la souffrance si on y réagit avec de la crainte; mais, si on se détend et qu'on dissolve les réactions de peur, on peut affronter de grandes catastrophes avec équanimité.

J'exprimai récemment cette idée à une de mes amies qui souffrait d'une horrible série de tragédies familiales : "Je ne peux pas accepter ça" me dit-elle.

Chapitre 2

C'est l'histoire d'un capitaine de samouraïs qui fut assigné à la garde du palais après des années passées à guerroyer. Là, il chercha le grand maître d'épée de l'Empereur.

"Maître" dit le capitaine, "bien que je me sois battu pendant longtemps, je n'ai jamais eu la possibilité d'étudier dans les formes l'art de l'épée. M'accepteriez vous comme élève ?"

"Certainement" répondit le maître d'épée, "mais vous devez me dire tout d'abord dans quel art vous êtes passé maître".

"Aucun" répondit-il, "je suis un simple soldat".

"Alors allez étudier avec un autre" dit le maître d'épée. "Si vous n'êtes pas franc avec moi je ne vous prendrai pas comme élève. Je sens que vous êtes un maître de quelque discipline et je ne me trompe jamais."

"Monsieur, je vous assure que je ne mens pas," dit le samouraï perplexe. "Mais peut-être dois-je vous dire qu'après de nombreuses batailles j'ai commencé à comprendre que le problème essentiel était la crainte de la mort. C'est pourquoi j'ai médité longuement sur le sujet jusqu'à ce que j'arrive finalement à ne plus craindre de mourir... Est-ce cela que vous voulez dire ?"

"Exactement" dit le maître d'épée. "Bien plus, vous n'avez aucune raison d'étudier l'art de l'épée avec moi. Il n'y a rien que je puisse vous apprendre."

Enfant, Maître Cheng reçut au cours d'un accident une blessure crânienne quasi fatale. Il fut sorti du coma par un Taoïste itinérant. Par la suite, durant de nombreuses années, il fut complètement incapable de se concentrer et on craignit un dommage irréparable au cerveau. Finalement il devint l'apprenti d'un maître de peinture où, tandis qu'il effectuait les tâches ordinaires comme de tourner les bâtons d'encre, il récupéra ses facultés mentales. Il demeura cependant physiquement faible et maladif. Dans la vingtaine, déjà artiste renommé, il contracta la tuberculose.

Ses médecins lui donnaient six mois à vivre ; en une ultime tentative pour survivre Maître Cheng se lança dans l'art du Tai Chi Chuan. Rapidement il arrêta de cracher du sang, la fièvre le quitta et la tuberculose fut guérie. Il était encore enclin à être malade mais considèrerait cela plus tard comme une bénédiction, parce qu'à chaque fois qu'il était tenté d'arrêter le difficile apprentissage du Tai Chi Chuan il retombait malade et seule la reprise de son Tai Chi le guérissait. C'est ainsi qu'il persévéra.

Il étudia durant sept ans avec le grand maître de Tai Chi, Yang Cheng-fu, pratiquant du matin au soir six jours sur sept. Il revenait souvent chez lui si fatigué qu'il s'écroulait sans même avoir la force d'étendre les jambes sur son lit.

Après ces sept ans il quitta Yang Cheng-fu. En tant que maître de Tai Chi il fut toujours reconnaissant à son professeur et à la maladie qui le poussèrent à pratiquer et à persévérer.

Il tira un autre bénéfice d'avoir failli mourir de sa maladie : "A partir du moment où j'ai su que j'allais mourir, j'ai considéré toute ma vie comme un don". L'enchantement qu'il ressentait et qu'il communiquait autour de lui était le fruit de sa manière d'aborder la vie : comme quelqu'un qui était né une deuxième fois. Non pas avec le sens du poids de chaque journée, mais en en connaissant la merveille, en sachant que c'est un don d'être en vie.

Maître Cheng nous parlait souvent de sa maladie et du "cadeau qu'était sa vie", comme s'il y avait là une leçon particulière.

<mark>Une difficulté dans le travail avec un maître spirituel c'est notre tendance à nous préoccuper du résultat plutôt que du cheminement.</mark> Dans le cas de Lao Shr le "résultat" était son pouvoir et la manière dont il rayonnait la joie d'un sage et d'un enfant.

Nous mécomprenions le cheminement. "Détendez-vous" disait-il, mais il y avait là quelque chose d'autre qu'on ne pouvait directement toucher. Une idée qui parle non au mental mais dans le cœur-esprit ou l'âme.

J'ai enseigné le Tai Chi quelque temps à la prison de Rikers Island. Ca ne marchait pas bien. Juste avant le cours une "médication", principalement des tranquillisants, était dispensée aux prisonniers. L'un d'entre eux me dit finalement : "Mon vieux, la dernière chose au monde dont nous ayons besoin c'est qu'on nous dise de nous détendre."

Les gens cherchent désespérément à se détendre et à fuir le stress : drogues illicites, alcool, caféine, sexe, télévision. Il y a de nombreux moyens pour s'échapper, tous reposant sur la croyance que la vie est trop dure et qu'on a besoin de soulagement. Nous pensons à la détente comme à une voie de sortie, une échappatoire à la douleur et à la pression de nos vies.

La détente véritable embrasse la vie et ne met pas les pouces devant elle. Nous devons accepter le fait que la vie est une affaire difficile mais, comme le soldat qui "maîtrisait" la mort ou le Maître qui considérait chaque jour comme un cadeau, nous pouvons nous détendre et trouver la joie dans les défis qu'elle nous lance.

Chapitre 3

Le premier principe du Tai Chi Chuan est la détente, sans laquelle il n'y a pas de Tai Chi. Le premier cours que le Maître avait coutume de faire aux débutants portait sur l'importance de "se détendre".

"Le corps entier doit être détendu, relâché et ouvert de manière à ce que le ***ch'i***, l'énergie vitale, puisse circuler sans entraves. C'est le principe du Tai Chi en tant qu'exercice de santé ainsi qu'en tant que système d'auto-défense."

Plus avant au cours de l'étude, comme nous commencions à nous détendre, il étendait la portée du concept : la Détente nous disait-il ce n'est pas simplement s'avachir. Elle doit contenir une qualité de vitalité. Le débutant doit se concentrer entièrement sur le relâchement de la tension et de la force dure mais, partant de là, le pratiquant doit considérer attentivement la différence entre la mollesse, qui est sans vie, et la détente d'un chat, qui est complètement vivante et alerte.

Une fois passé le stade initial du simple laisser aller, on rencontre alors la consistance de la détente. Au cours de la poussée des mains un débutant doit se concentrer pour éliminer toute résistance et toute force dure. Devenant "doux", éveillé au ***ch'i***, il en viendra à comprendre que la détente ne conduit pas à être comme de la gelée mais bien plutôt, comme le décrivait le Maître, à devenir comme une balle de coton : douce, mais plus on la comprime plus elle devient ferme et dense. Même le projectile d'une arme à feu ne peut traverser une balle de coton. Il est absorbé par la consistance de la douceur. De plus la détente réelle est "lourde" alors que la tension et la force dure sont à l'opposé.

Le mot chinois **sung**, toujours traduit par détente, a la connotation de "relâchement". Quand l'articulation d'une épaule est ankylosée comme une charnière qui manque d'huile, le bras et l'épaule ne sont pas libres de se mouvoir ; elles ne sont pas **sung**. Un bras relâché, **sung**, ne peut être mis en verrouillage ; il se dégagera de lui-même en se contorsionnant à la manière d'un spaghetti.

La même chose est vraie pour le mental. Lorsqu'il y a intentionalité, préconception arrêtée, le mental n'est pas relâché ; il n'est pas **sung**. Yang Chen-fu disait que l'esprit devait être aussi spacieux et inclusif que l'étendue de l'univers.

Chapitre 4

Le principe de détente était si important pour Yang Cheng-fu, qu'on dit qu'il répétait un millier de fois par jour "détendez-vous" à ses élèves. C'était, bien sûr, un mot partagé par Maître Cheng mais il en utilisait un autre peut-être encore plus souvent : "petit à petit".

Patience et Tai Chi. Si vous persévérez dans la pratique des principes, l'accomplissement viendra. Vous ne pouvez pas le forcer ; vous ne pouvez pas le faire venir. "Petit à petit, petit à petit". Vous devez être patient. D'un autre côté la maîtrise ou le progrès ne tombent pas du ciel comme la manne sur l'étudiant paresseux. Cela requiert un effort ardu.

Paradoxe apparent : "Ne forcez-pas" et "Faites de grands efforts".

Dans le Tai Chi nous apprenons le Non-Agir, l'action qui n'est pas de l'action. Le Non-Agir n'est pas vraiment un grand mystère. Chacun l'a déja expérimenté à un degré ou un autre : les fois où nous nous sommes bagarrés pour créer quelque chose et où nous le voyons s'éloigner jusqu'à ce que finalement nous abandonnions. A ce point, si nous sommes chanceux, nous rencontrons un grain de sagesse intérieure qui nous autorise à respirer un grand coup et à nous détendre et nous voyons ce que nous désirions couler alors vers nous ou à travers nous, comme un don du ciel ou, plus exactement, *en tant que* don du ciel.

Nous devons être patients, nous devons attendre ; mais attendre de la manière juste, à travers le processus créateur du Non-Agir. Nous nous rendons accessibles au flot du ***ch'i*** dans nos corps et au courant du ***Tao*** dans nos vies. La méthode consiste à éliminer les blocages. Il n'y a rien que nous devions faire; ce à quoi nous aspirons est déjà là. Nous devons dissoudre les blocages pour le laisser émerger.

Dans la forme et dans la poussée des mains nous devons évacuer tension, dureté et rigidité pour pouvoir ouvrir la myriade de canaux subtils du corps où circule le ***ch'i***.

De même pour le ***Tao*** dans nos vies : nous devons apprendre à ne plus interférer avec son cours. Prenez l'écriture par exemple. L'inspiration, la muse, sont d'autres manières de décrire l'énergie du ***Tao***. Vous ne pouvez pas les obliger à venir mais, si un écrivain peut abandonner toute crainte et toute fantaisie qui obscurcissent le présent créateur, s'il apprend à cesser de compter uniquement sur lui même, il découvre qu'il fonctionne comme un canal pour ce centre de vérité qui est au plus profond de lui.

Apprendre la manière de se détendre et de laisser faire est un travail difficile qui requiert persévérance et confiance. "Petit à petit, petit à petit."

Chapitre 5

"Il n'y a pas de couvercle sur le fleuve de
la mort. Il y a 10.000 manières d'y
entrer." Maître Cheng

Tam Gibbs et Ed Young étaient les deux interprètes du Maître. Ils accomplissaient leur inestimable service à l'école **Shr Jung** de New York, traduisant non seulement pour les cours de Tai Chi mais aussi pour la centaine de patients qui venaient chaque semaine pour des soins médicaux, la plupart d'entre eux n'étant pas des élèves.

Maître Cheng était un docteur en médecine traditionnelle chinoise. Basée sur la circulation du **ch'i** au travers du corps et sur l'équilibre des organes internes, la médecine chinoise était un complément à son Tai Chi. Sa technique fondamentale de diagnostic était d' "écouter" les pouls. La pulsologie est décrite dans le **Nei Ching**, le classique de la médecine chinoise. La pratique est fondée sur la conception selon laquelle il n'y a pas un seul poul mais 12 subdivisions, chacune informant le praticien sur la condition intérieure du patient.

Sur l'insistance de Tam je pris ma première consultation – un examen général. Les doigts extrêment doux de Maître Cheng étaient sur mon poignet et ses yeux étaient fermés. Il me dit que j'avais un froid autour du cœur.

Je ne lui avait donné aucune information sur mes antécédents médicaux mais il avait vu juste. Quelques années plus tôt j'avais enduré une attaque de péricardite virale, une inflammation de la paroi externe du cœur. Je fus allité pendant des mois et, lorsque finalement je m'en relevai, ce fut pour m'entendre dire qu'une rechute était possible. Cela ne s'était pas produit mais j'étais fatigué et je sentais quelque chose comme un étau glacé autour du cœur.

M'ayant convaicu avec son diagnostic, je bus l'abominable infusion qu'il me prescrivit pendant près d'une année, jusqu'à ce que l'étau glacé disparaisse et ne revienne jamais plus.

L'école initiale du Maître sur Canal street dans Chinatown était divisée en deux pièces. Les cours avaient lieu dans la plus spacieuse. La petite pièce, avec son bureau, quelques chaises et une table servait tout à la fois de salle d'attente, de salle de consultation et de lieu de décompression. J'ai passé beaucoup de temps dans cette pièce, écoutant des perles de sagesse et, plus important à l'époque, en étant disponible pour servir de partenaire au vieil homme quand il avait envie de faire la "poussée des mains".

Un jour le Maître, quittant son bureau et me croisant en allant vers la grande salle, pointa son doigt en direction d'un bouton sur mon front et l'agita devant moi avec une expression amusée. Je pris cela pour une plaisanterie mais Tam me dit : "Il ne fait pas cela seulement pour rire. Si j'étais toi j'irai le consulter".

Le Maître me prit les pouls et me fit une prescription pour un petit apothicaire de Chinatown. Il faut un certain temps pour s'habituer à ces tisanes faites d'herbes, d'écorces, d'insectes sèchés et de qui sait quels autres ingrédients indescriptibles. Il ne commentait que rarement son diagnostic à moins que le patient n'insiste ; je pensai que je n'étais tout simplement pas en forme et je ne le lui demandai pas. A cette occasion il me dit : "ce remède va avoir le goût de l'esprit d'amertume lui-même. Après l'avoir bu tu auras une forte fièvre. Va au lit, sue et élimine la fièvre ; après quelques jours, tu auras retrouvé la forme."

Cela se déroula ainsi. La potion était la pire que j'aie jamais goûtée. Je la bus jusqu'au bout et me retrouvai bientôt abattu avec une fièvre de près de 40°. Cela dura quelques jours jusqu'à ce que je finisse par me lever, faible comme un chaton, mais me sentant bien.

A la suite de cela je vis quelques amis et leur en parlai. L'une d'eux était étudiante en médecine et elle me demanda si j'avais d'autres symptômes.

J'avais quelques boutons inhabituels sur les mains et sur la plante des pieds. Ils étaient sortis pendant la fièvre et bien qu'ils commençaient à partir elle pouvait encore les voir.

Elle dit : "C'est bel et bien bon d'avoir la foi dans un vieux médecin chinois et ses tisanes mais ce sont les symptômes classiques du premier stade de la syphilis ; à ta place j'irai faire une consultation au centre de soin des maladies vénériennes."

C'était en 1969. Je n'avais étudié avec le Maître que depuis deux ans et je n'avait pas si confiance que ça... Malheureusement j'avais aussi le mode de vie qui rendait possible le diagnostic de mon amie.

J'allai sans délai au centre de soin principal des maladies vénériennes en bas de Manhattan. Après avoir attendu en même temps qu'une grande foule de jeunes américains, je fus introduit dans un cabinet médical.

M'ayant examiné pour la forme, le médecin me dit : "La procédure normale est de commencer par vous faire un test sanguin. Vous revenez une semaine après et, si vous êtes positif, on commence une série d'injections de pénicilline pour traiter la maladie. Mais, dans votre cas, je vais vous faire faire le test sanguin et je vais commencer le traitement à la pénicilline aujourd'hui au lieu d'attendre une semaine."

J'eus mon test et ma piqûre et, une semaine plus tard, j'étais de retour au centre, attendant avec la jeunesse américaine, la feuille de traitement à la main. On finit par appeler mon nom et j'entrai dans le cabinet. Je donnai ma feuille au médecin qui m'avait examiné la semaine précédente. Il ne se souvenait pas de moi parmi la foule qu'il voyait chaque semaine. Il jeta un coup d'œil sur ma feuille puis sembla tout déconcerté. Il l'étudia attentivement, me regardant de temps à autre.

J'allai commencer à me sentir affecté lorsqu'il finit par dire : "Bon, il faut que je vous parle. Je n'ai jamais vu personne ayant vos symptômes avec un test négatif. Mais vous devez être une exception ; vos résultats sont négatifs et nous n'avons pas besoin de continuer les traitements à la pénicilline."

Je quittai le centre de soins et flânai en descendant la rue lorsque cela me frappa. La syphilis ! Le fléau de la civilisation occidentale ! Le traitement connu seulement après la seconde guerre mondiale avec la découverte de la pénicilline ! Le vieil homme, avec ses tisanes issues d'une tradition médicale vieille probablement de milliers d'années, m'avait guéri.

Cinq ans plus tard l'école fût transférée de Canal street vers un lieu plus spacieux sur le Bowery. La pratique médicale du Maître s'était accrue ; il y avait 50 personnes, voire plus, qui attendaient pour le voir lorsqu'il était à l'école. Il ne se levait plus de derrière son bureau pour faire la poussée des mains et je ne me tenais plus là bien souvent mais, un jour, je me retrouvai assis à côté de Tam tandis qu'il traduisait.

Le Maître écoutait les pouls d'un homme, la quarantaine, un peu chauve et d'aspect paisible. Le Maître se tourna vers Tam et dit "Cet homme se respecte vraiment. Il n'a pas de maladie vénérienne."

Je quittai le bureau et, quelques minutes plus tard, Tam vint me voir. "Tu as entendu ce qu'il a dit sur ce gars, comment il n'avait pas de maladie vénérienne ? C'était comme si tous les autres l'avait".

Le Maître était probablement conscient des diverses maladies engendrées par une ère de promiscuité, largement ignorées de la médecine occidentale. La maladie est l'aboutissement de déséquilibres internes qu'il pouvait percevoir beaucoup plus tôt. L'épidémie de SIDA m'a fait bien des fois me souvenir de ce jour.

Le Maître disait : "La santé d'une nation est dans la semence. Si la semence est malsaine quel espoir peut-il y avoir pour la race ?"

Sa prévention contre la proximité sexuelle n'avait pas la santé pour seul motif. Il voulait exprimer que notre société croit en des remèdes rapides : vous avez un mal de tête, vous prenez une aspirine ; vous avez une émotion douloureuse, vous prenez un verre ; des problèmes de couple, vous divorcez.

Au delà des effets pervers de la plupart de ces remèdes rapides, qu'en est-il des causes sous-jacentes du mal de tête, de l'émotion douloureuse, du mariage raté ? Nous ne savons absolument pas comment nous en occuper. Nous n'avons jamais eu à le faire et, véritablement, nous ne savons pas comment faire.

La promiscuité sexuelle n'est pas différente des liqueurs, drogues et autres intoxications et violences que nous utilisons pour nous dissimuler à nous-mêmes.

Chapitre 6

Le philosophe Tsang disait : "Je m'examine chaque jour sur trois points : est-ce que, dans mes relations de travail, il m'est arrivé de n'avoir pas été loyal ? Est-ce qu'avec mes amis il m'est arrivé de n'avoir pas été sincère ? est-ce qu'il m'est arrivé de n'avoir pas maîtrisé et pratiqué les instructions de mon professeur ?"
– *Analectes Confucéens*, Chapitre IV. Traduction de James Legge.

Tam et moi étions seuls dans l'école un après-midi, parlant de ses études de chinois, lorsque le Maître entra.

"Lao Shr" dit Tam, "Il y a un mot que je ne comprend pas dans ce passage que j'étudie. Le traducteur a écrit 'amis' mais le mot chinois n'est pas 'amis'. Quel est ce mot ?"

Le Maître regarda le passage. "Ce passage traite de ce que nous faisons ici, l'étude du **gung-fu**, l'étude du **Tao**.

Il se demande à lui-même si chaque jour il fait trois choses :

Tout d'abord est-il honnête avec les gens. Il ne leur raconte pas de mensonges.

Ensuite, son cœur est-il ouvert envers – c'est le mot que tu veux – 'les compagnons dans la même discipline'. C'est le mot sur lequel tu m'interroges. Tu as raison, ce n'est pas 'amis'. C'est une relation différente, d'une espèce particulière. C'est ce que vous êtes tous les deux, 'compagnons dans la même discipline'. C'est une relation différente de l'amitié et plus élevée sous bien des aspects.

Ce qu'il dit ici est pour vous; cela ne suffit pas de simplement dire la vérité, de ne pas mentir, comme dans des relations de travail. Ici, vous avez l'obligation d'aller plus loin. Votre cœur doit être ouvert. Tam, si tu as des pensées sur Wolfe, tu dois lui dire, tu ne peux pas les garder pour toi. Cela va bien au delà de ce à quoi on s'oblige dans les relations normales avec les gens.

Dans la dernière partie il demande : "Chaque jour est-ce que je ravive – comme vous allumeriez une bougie – est-ce que je ravive chaque jour l'enseignement qui m'a été transmis ?". Non pas simplement que vous pensiez à l'enseignement, mais que ce soit vivant. Plus encore, que ça **brûle**."

J'ai pensé de nombreuse fois à ce jour et à ce texte confucéen, à mon incapacité à "ouvrir mon cœur". Combien de fois, de peur d'être rejeté ou de blesser quelqu'un que j'estimais, ai-je gardé mes pensées secrètes ?

En faisant ainsi je renie ma propre vérité. Le ressentiment qui s'édifie alors à l'intérieur entraîne habituellement la détérioration de la relation, ce que précisément je tentais d'éviter.

Le fait de garder mes pensées pour moi même prive mes 'compagnons' d'une information importante, peut-être cruciale pour leur développement. Même si quelqu'un peut être heurté par mes mots, le fait d'être sur le même chemin spirituel m'oblige à nous aider, lui et moi, à devenir forts.

L'obligation d'aider votre compagnon à grandir et à devenir fort requiert du courage, mais le "cœur fermé" s'interdit à lui-même le chemin.

Chapitre 7

"Une personne qui a un excellent sens du "***K'e Ch'i***" sera très bonne au Tai Chi Chuan." – Robert W.Smith
(Bob Smith est l'un des élèves les plus avancés de Maître Cheng)

K'e Ch'i signifie "mœurs", "bonnes manières", cette caractéristique des Chinois qui peut être merveilleuse lorsqu'elle est sincère, et pénible quand elle n'est qu'une formalité vide. L'étymologie de l'expression est significative. "***K'e***" signifie "hôte", "invité". "***Ch'i***" est ce mot – souffle, air, force spirituelle – qui désigne ce qui est au centre du Tai Chi. Ainsi, mis ensemble, "***K'e Ch'i***" est "le respir de l'invité".

Il est difficile de se guider sur un meilleur principe. Nous sommes tous des hôtes. Que nous croyions être propriétaires et posséder le monde est l'illusion dominante et destructrice de l'homme "civilisé".

Pensez que vous êtes un hôte de la terre. Soyez reconnaissant, heureux d'être dans cette merveilleuse maison, respectueux de toute chose dont aucune, après tout, n'est à vous ; mais ne vous humiliez pas non plus ; soyez assuré qu'un univers bienveillant vous accueille et pourvoit à votre vie.

En pratiquant la poussée des mains notre attitude devrait être aussi ***Ke Ch'i***. Nous ne devrions pas essayer de dominer ou de surpasser notre partenaire. Le Maître disait que si votre idée était de pousser ou de ne pas être poussé, ce n'était pas du Tai Chi.

L'idée juste est de laisser le partenaire s'exprimer entièrement – nous ne devons pas interférer avec son énergie. Tout simplement nous nous vidons, permettant à sa force de se déployer sans obstruction ; bien plus, toujours poli, nous lui procurons assistance dans la direction vers laquelle il tient tant à aller. Très effacé, avec beaucoup de considération. Comme avec un invité.

S'il arrive parfois que, par l'effet de notre non-résistance et de notre aide, une personne agressive se retrouve projetée en l'air alors que son intention était de nous y envoyer, nous n'avons pas violé le principe du **K'e Ch'i**. La nature ne nous demande que de rester en équilibre et c'est tout ce que nous avons fait lorsque l'attaquant a pris son vol.

La forme du Tai Chi exprime aussi l'attitude **K'e Ch'i**. Pensez à notre image de l'arrogance : la poitrine bombée, le corps rigide et dur, le visage froncé. Et puis pensez à la posture du Tai Chi : le corps doux et souple, l'énergie tombant dans le sol, la poitrine légèrement effacée, une expression aimable au visage. La véritable attitude de l'humilité.

Le Tai Chi prouve la justesse de ce mot de la Bible : "Heureux les doux, ils hériteront". Cela donne la mesure exacte du résultat d'une confrontation entre arrogance et humilité véritable. La fragilité crispée, flottante et sans racine de l'arrogance ne fait pas le poids devant la personne qui s'est laissée aller à la terre et peut exploiter son pouvoir.

Bien que Maître Cheng parlât rarement de ce point, son professeur mettait l'accent sur le "flottement" et sur son opposé, la "pesanteur". Pour Yang Cheng-fu, "pesanteur" et "détente" étaient comme deux faces d'une même pièce de monnaie. La détente permet de s'enfoncer en terre, créant l'enracinement et la solidité du Tai Chi. La tension, une force dure et rigide, génèrent une sorte de légèreté et de flottement, qualité relativement faible.

Au plan psychologique l'orgueil et l'arrogance sont des tentatives de compensation face à l'insécurité et au sentiment d'insuffisance. Quelqu'un d'orgueilleux épuise son énergie à créer et maintenir une armure psychique. C'est un état de faiblesse et de grande fragilité. Lorsqu'on laisse tomber l'armure, qu'on apprend à s'accepter et à laisser œuvrer son être réel, l'énergie est restituée et l'on devient plus fort, plus créatif et plus aimant.

Le "merci" qu'on nous a appris à échanger après une partie de poussée des mains a souvent l'insincérité d'un **K'e Ch'i** qui sonne faux. Nous devons essayer d'égaler la courtoisie spontanée du Maître mais ce n'est souvent qu'une imitation de mauvais acteur, un sourire forcé qui dissimule la frustration et la colère envers un partenaire qui a usé de sa force pour nous bousculer ou résister délibérément quand il était supposé s'abandonner.

Nous passons à côté à la fois de ce qu'est la poussée des mains et du "merci". Peu importe la dureté et l'absence de laisser aller de notre partenaire, notre incapacité à traiter avec lui est le signe de notre propre prétention. C'est l'exploration et la dissolution éventuelle de la prétention – et non pas gagner – qui est le propos de la poussée des mains. Le "jeu" auquel nous devrions jouer est avec nous-mêmes ; nous sommes alors mis en face de l'expression physique des problèmes dont nous nous cachons dans nos vies. Dans cette confrontation avec soi-même réside la possibilité du progrès. Nous remercions le partenaire pour nous avoir fourni cette opportunité. Si nous comprenions réellement **K'e Ch'i**, au lieu de nous mettre en colère, nous saluerions quiconque déclenche en nous de telles réactions.

Chapitre 8

"Parmi les anciens, celui qui voulait illuminer le monde par sa vertu devait d'abord bien gouverner son royaume. Désirant bien gouverner son royaume il devait tout d'abord diriger sa famille de bonne façon. Désirant diriger sa famille de bonne façon il cultivait d'abord sa personne. Désirant cultiver sa personne, il rectifiait tout d'abord son cœur. Désirant rectifier son cœur, il devait au préalable rendre ses pensées sincères. Désirant rendre ses pensées sincères, il devait laisser son esprit inné se révéler lui-même. La manière de révéler l'esprit inné est d'éliminer toute avidité".
– Confucius **Le grand Enseignement**.
"...incapable d'éliminer l'avidité on ne peut cultiver sa personne. C'est le principe qu'on rencontre en toutes matières." – commentaire de Maître Cheng sur le texte confucéen.

En Tai Chi, nous essayons de nous détendre pour nous ouvrir au flot du **ch'i**. Le **ch'i** est une énergie transcendante, la force de vie. Le Maître disait "Le **ch'i** qui circule dans nos corps est le même **ch'i** qui meut les étoiles dans les cieux." Le **ch'i** est lié à la circulation du sang mais aussi à l'énergie de la pensée et de l'esprit.

La raison pour laquelle tant de gens éprouvent le profond sentiment que leur vie n'est qu'un pâle reflet de leur potentiel réel, c'est parce que c'est la vérité ! La crispation, la dureté et la rigidité bloquent la circulation du **ch'i** dans nos corps. En essayant de nous emparer des "choses" nous créons de la tension et des blocages dans l'esprit.

Nous nous déplaçons en titubant dans le désert aride du matérialisme en direction de divers mirages. Nous voudrions désespérément avoir assez d'argent ou de statut social pour nous protéger de nos propres terreurs et de la menace de notre éventuelle dissolution. Mais cela n'est d'aucun effet. Nous nous sommes expulsés de nous-mêmes, séparés de la force de vie.

Chapitre 9

Lorsque je repense à l'enseignement de Lao Shr, c'est souvent les petites choses qui me reviennent à l'esprit. Ainsi de ses ensembles apparemment sans fin de Bonnes Choses qui vont par Trois :

"Quelles sont les trois choses les plus importantes pour une vie humaine ?

Par ordre d'importance : le Travail, les Relations et une Discipline Spirituelle.

Le Travail est la plus importante parce que sans nourriture ni abri un être humain ne peut pas survivre.

Les Relations c'est l'homme et la femme. C'est la seconde en importance parce que sans la procréation l'espèce ne peut pas survivre.

Une discipline spirituelle, c'est une chose importante, mais bien évidemment moins que les deux premières."

Son enseignement, comme le Tao lui-même, surgissait de la nature et de la source de sagesse primordiale, aussi vieille que l'humanité elle-même, qui émane de la compréhension profonde de ce que c'est qu'être humain au sens le plus élémentaire et d'appartenir à la terre.

Un jour où j'étais dans son bureau, Lao Shr, Tam à ses côtés, discutait avec un vieil ami chinois. Soudain, dans un acte tellement hors de propos qu'il en fut choquant, le Maître tendit le bras et repoussa d'une claque la main de Tam que celui-ci tenait devant sa bouche. Tam rougit mais le Maître ne lui prêta plus d'attention et revint à sa conversation.

Le jour suivant j'étais seul à l'école lorsque Tam arriva, sans sa moustache.

"Qu'est-ce qui se passe mon vieux ?"

"Est-ce que tu l'as vu me corriger hier ? C'était à cause de ma moustache. Je ne voudrais pas que ça se reproduise. Tu vois, j'avais l'habitude de tripoter ma moustache en mettant ma main devant la bouche. Pour les Chinois traditionnels, qu'on cache sa bouche quand on les regarde c'est comme si on les jugeait. C'est très irrespectueux. C'est pour ça qu'il m'a repoussé la main."

Les poils du visage était quelque chose d'un peu problématique avec le Maître. Il riait de ce qu'en Chine on "méritait" sa barbe alors qu'aux Etats Unis, environné de hippies comme il l'était, les hommes la laissait simplement pousser. Un de ses propres surnoms "mérités" était "Monsieur Moustache".

Il nous mit en garde de ne pas laisser les poils pousser autour de la bouche : "mauvais pour le **ch'ï**". Lorsque, dans un mouvement pour lui plaire, je me rasai la barbe et me raccourcis les cheveux, il me félicita.

"Tu as enlevé ton masque" dit-il, "Très bien". Il me raconta alors – mais seulement après que j'aie fait cela – qu'en Chine il était irrespectueux de porter la barbe alors que ses parents étaient toujours vivants. "On ne voudrait pas qu'ils se sentent vieillis".

Son sens de la considération était aussi délicat que son toucher dans la poussée des mains. Expliquant comment son pinceau de calligraphie favori – fait de vibrisses de chats – avait été fabriqué, il disait "C'est difficile de fabriquer un tel pinceau parce qu'il faut trouver beaucoup de chats. On ne doit prendre que deux poils à la moustache de chacun d'eux. Un chat a besoin de ses moustaches pour trouver son passage dans des espaces étroits. Sans ses moustaches un chat peut se trouver paralysé."

Dans son livre "Boxe Chinoise, Maîtres et Méthodes" Bob Smith a préfacé son chapitre sur Maître Cheng d'une citation de Bertrand Russel : "Un Chinois civilisé est la personne la plus civilisée au monde". Plus je connaissais Lao Shr plus je goûtais combien cette description de lui était exquise.

Une fois, plus tôt dans mon étude, alors que je me déplaçais dans le dédale des couloirs du métro du centre ville, je heurtais le Maître accompagné de Tam Gibbs et d'Ed Young. Alors que j'échangeais un bref salut avec Tam et Ed, le Maître se tenait un peu à l'écart. Je lui lançais un rapide coup d'œil en coin. Dans sa robe et son bonnet traditionnels il tenait les yeux fixés droits devant lui. Je le sentis terriblement seul à cet instant ; ce vieux sage, si grâcieux, si puissant, semblait tellement hors de son lieu et de son époque sur ce quai de métro new-yorkais crasseux ! Gêné, je me suis détourné et j'ai continué précipitamment mon chemin.

Le jour suivant Tam vint me voir à l'école. "Lao Shr voudrait savoir s'il y avait une raison ou quoi que ce soit pour que tu ne l'aies pas salué hier."

Mon cœur s'arrêta. J'allai le voir et je bégayai une espèce d'excuse inarticulée comme quoi il m'avait semblé si recueilli que je n'avais pas voulu l'ennuyer – mais il n'alla pas plus loin et il ne m'en parla plus jamais.

Depuis, et durant toutes les années où il m'enseigna, je l'ai toujours accueilli quand il entrait et me suis levé à son départ, attendant de lui qu'il prête attention à ces gestes d'amour et de respect.

Plus encore que d'influer sur mon comportement, il me poussa ainsi à méditer sur la signification essentielle du respect.

Dans les années 60 la grossièreté violente était une forme d'expression politique pour une grand partie de la jeunesse. Après tout, c'était le pouvoir qui faisait massacrer les gens au Vietnam et qui traitait les jeunes qui protestaient de mal-élevés et d'irrespectueux.

Il y a une insensibilité chez de nombreux américains nantis, en sécurité au milieu de leurs avantages matériels, envers la "vulgarité" de la rage et du désespoir de ceux qui en sont démunis.

Mais, considérés globalement, nous constituons une société aux vues excessivement étroites. Nous avons érigés des protecttions qui, en surface, semblent être de la fierté mais qui, au fond, sont bâties sur la peur de nos semblables. Nous développons un mépris national de la politesse et de la considération comme si c'était des vertus dépassées, pratiquées par des gens trop stupides pour pouvoir mieux faire. Nous perdons la faculté d'être des gens "civilisés", doux et sensibles les uns envers les autres ainsi qu'envers nous-mêmes.

Chapitre 10

"Les trois absences de crainte", traduit des **Treize Traités** de Maître Cheng.

1. L'absence de crainte devant la douleur. Si quelqu'un a peur d'endurer la douleur, alors il n'y a pas d'espoir de progrès. Dans les classiques du Tai Chi Chuan il est dit : "La racine est dans le pied". Si quelqu'un a peur d'endurer la douleur cela aura pour signification qu'on ne pourra laisser tomber le pied dans le sol pour l'enraciner. Cette manière d'endurer la douleur est, sans doute possible, bénéfique pour l'organe du cœur et le développement du cerveau. La technique de base pour quelqu'un qui vient de débuter au Tai Chi est de consacrer tous les matins et tous les soirs trois à cinq minutes à se tenir sur une seule jambe avant d'alterner ensuite sur l'autre. Progressivement on allongera la durée et graduellement on descendra la posture. L'esprit devra être mis au **tan tien** et sans forcer, si peu que ce soit, le cœur du pied adhèrera au sol. Lorsqu'on sera enraciné, on étendra l'index et le majeur pour se tenir sur le dos d'une chaise ou le coin d'une table pour garder l'équilibre. Après un moment, lorsqu'on s'y sera familiarisé, on pourra supprimer le majeur en ne s'aidant plus que de l'index. Finalement ceci même deviendra très

stable et on n'aura plus besoin de s'aider des doigts. On pourra alors se servir de "lever les mains"* et "jouer de la guitare"* comme de deux postures pour cette discipline de maintien (ou d'enracinement). La "position de préparation"* est aussi l'exercice d'enracinement – l'exercice de base de l'enracinement – pour le complet ***gung fu*** de "l'unité avec le sol" que doit avoir le pratiquant. Le simple fouet* est un exercice d'extension et d'ouverture, toutes les articulations ouvertes. Toutes ces positions sont grandement bénéfiques pour la santé et la capacité d'autodéfense. On ne peut pas se permettre de les ignorer.

2. L'absence de crainte devant la perte : un des principes fondamentaux du Tai Chi Chuan est de renoncer à soi-même pour suivre les autres. Entendu ordinairement, céder et suivre les autres signifie qu'on va souffrir de la perte. C'est pourquoi dans le premier chapitre de mes Treize Traités j'ai dit qu'on devait souffrir la perte.

Comment fait-on pour apprendre ? En écoutant les attaques portées par les autres, non seulement sans résister mais encore sans essayer d'y parer. On doit faire particulièrement attention à quatre idées : "coller", "contacter", "adhérer" et "suivre". Alors on sera capable de neutraliser facilement les attaques.

Ce n'est pas quelque chose qu'un débutant ou une personne négligente peut réaliser. Ca n'est pas facile d'endurer la perte pour un débutant, mais si quelqu'un a peur de perdre alors il vaut mieux ne pas se lancer dans l'étude. Si quelqu'un désire apprendre le Tai Chi, il doit commencer par souffrir la perte.

Pour savoir comment souffrir la perte on doit comprendre que c'est identique à ne pas être avide de gagner. Quand on est désireux de

---
* Posture de la forme du Tai Chi Chuan (N.D.T.)

gagner un petit peu, on finit par perdre un petit peu. Quand on veut gagner beaucoup, on finit par perdre beaucoup. Inversement si quelqu'un est capable de souffrir une petite perte il finira pas acquérir un petit gain mais c'est seulement si l'on est capable de souffrir une grande perte que l'on peut obtenir un grand gain.

Si quelqu'un est avisé, il doit vouloir obtenir à la fois la santé et une autodéfense efficace. Pour réaliser cela il doit saisir le principe suivant de Lao Tzu : "concentrer son *ch'i* pour devenir résistant". Quelqu'un peut-il être comme un petit enfant ? C'est le principe du Tai Chi Chuan. C'est le lieu à partir duquel l'étudiant doit commencer à apprendre.

Laissez moi répéter : "Si quelqu'un est avisé, pour obtenir le corps de la discipline (la santé) et la fonction (l'autodéfense) il doit concentrer son *ch'i* pour devenir résistant comme un petit enfant". En accomplissant cela il a appris la merveille et le moyen de souffrir de la perte. L'essence est dans ce chant : "Qu'une grande force m'attaque ! Cette force sera déviée à la manière dont mille livres sont déviées par quatre onces". C'est alors que sa résistance a porté ses fruits.

3. L'absence de crainte devant la férocité : Lao Tzu disait d'un enfant seul dans la nature sauvage : "La corne d'un rhinocéros ne peut le blesser. La griffe du tigre ne peut le déchirer. Les armes affutées d'un guerrier ne peuvent nulle part le pénétrer. C'est parce que le bébé n'a aucun concept de mort". Lao Tzu disait aussi : "Il n'y a rien sous le ciel de plus abandonné et de plus résistant que l'eau, aussi, lorsqu'elle s'attaque à des objets plus durs, elle les vainc toujours." Quelque part ailleurs il a dit : "Le plus résistant

sous le ciel l'emporte sur le plus dur sous le ciel". Il ne parle pas d'êtres féroces comme le rhinocéros, le tigre ou le guerrier en armes. Il souligne la qualité de l'eau, disant que rien ne peut surpasser le plus résistant. C'est ce qui est signifié par le passage suivant : " Si je n'ai pas de corps, comment puis-je recevoir une quelconque blessure ? Peu importe la férocité des armes qui me sont opposées, elles ne sont pas une menace."

Lorsqu'il y a crainte, la psychée, l'esprit et le corps – les atomes du corps – aussi sont tendus. Lorsqu'il y a tension on ne peut être ni délié ni relâché. Si quelqu'un ne peut pas être relâché comment peut-il être résistant ? S'il n'est pas résistant il doit être dur, rigide. Aussi, pour réellement comprendre parfaitement le principe du Tai Chi Chuan, on doit posséder l'esprit de la grande absence de crainte. Alors cela ressemblera à cette phrase de Mencius : "Si la montagne de Tai s'effondrait juste devant moi, mon visage ne subirait aucun changement de contenance". C'est parce que j'ai cultivé la grandeur du ch'i. C'est aussi ce que Lao Tzu veut dire lorsqu'il parle de concentrer son ch'i pour devenir résistant. Lorsqu'il en est ainsi on peut être sans crainte devant la férocité.

J'ai passé de nombreuses heures à piocher dans la riche veine de sagesse des "Trois absences de crainte" et il semble qu'il y ait toujours plus à y apprendre.

1. Endurer la douleur. Récemment j'ai rencontré une intéressante traduction de cette phrase : "goûter l'amer". Cela me rappelle la potion que Lao Shr prescrivait, "le goût de l'esprit d'amertume lui-même". Pour guérir et grandir nous devons souvent souffrir la douleur, goûter l'amer.

Ben Lo, qui est probablement celui qui est allé le plus profond dans "l'absence de crainte de la douleur" qu'aucun autre des élèves du Maître dans ce pays, substituait à la formulation "pas de douleur, pas de gain" une autre plus précise "pas de brûlure, pas de salaire".

"Qu'est-ce que c'est puritain !" dit un élève.

Pas vraiment. Paradoxalement "endurer la douleur" n'est pas de l'abnégation. "Endurer la douleur" est une expression du **Tao** et a trait essentiellement au fait de se sentir bien.

Je suis de plus en plus attentif à la manière dont, sur le plan psychologique, je suis effrayé d' "endurer la douleur". C'est un fait que je n'ai pas affronté la racine de mes peurs, le conditionnement qui a contrôlé ma vie et m'a interdit d'accéder à ma destinée la plus riche de joie et de puissance. Au lieu de faire pleinement face à ces peurs, je me suis caché d'elles en m'en détournant par les drogues, la nourriture et le sexe. J'ai usé de ces stimuli pour tenter de masquer mon inquiétude.

Comme j'ai commencé à suivre le **gung fu** d' "endurer la douleur", j'en suis venu à réaliser que le bonheur, la force et la paix véritables proviennent d'une courageuse confrontation avec soi-même.

2. Souffrir la perte. Comme pour la poussée des mains, ceci peut aussi être largement dit de la vie. Plus vous vous efforcez de résister à une leçon en vous en défendant par votre prétention, plus vous êtes acculés dans le coin que vous tentez désespérément d'éviter. Jusqu'à ce que vous soyez brisés ou mis à genoux. Jusqu'à ce que vous commenciez à la comprendre.

Il n'y a pas de pensée plus profonde dans l'enseignement du Maître que "d'investir dans la perte" ; aucune dont la pratique soit plus difficile.

On nous demande d'abandonner nos défenses non seulement physiques mais aussi psychologiques : les images de soi rigides et les boucliers que nous avons dressés.

Peu importe notre détermination à nous laisser aller, l'esprit se révolte. Nous croyons avoir besoin de ces défenses ; sans elles nous serions détruits.

Les causes gisent dans notre sentiment subconscient d'indignité. Nous croyons que si nous nous autorisons à être vulnérables et à laisser pénétrer quelqu'un d'autre, il reculerait d'horreur. Plutôt que de laisser couler notre vérité et notre pouvoir créateur, nous nous cachons, nous nous défendons et nous manœuvrons.

On nous demande d'avoir la foi et d'oser. Si nous ne pouvons nous laisser aller, nous perdrons et si nous ne pouvons nous laisser aller qu'un petit peu, nous ne gagnerons pas grand chose. Nous ressemblons au touriste qui pénètre dans un casino en ne voulant jouer qu'une petite somme d'argent et on lui dit qu'il doit hypothéquer la maison, vendre ce qu'il possède et mettre tout l'argent sur la table.

3. L'absence de crainte devant la férocité. J'avais l'habitude de penser que ma peur profonde était celle de la mort, de l'extinction, la figure sombre au bout du couloir, mais j'en suis venu à considérer cela comme entièrement métaphorique.

La peur profonde est celle de la séparation. Nous oublions que nous sommes une part du **Tao** (Dieu, Amour Universel ou n'importe quel terme de ce genre qui résonne en vous). C'est dans cette perte de mémoire que réside toute notre crainte, car si nous sommes un avec "la Grande Mère" pour utiliser le terme de Lao Tzu, nous ne pouvons être atteint d'aucune blessure. Même la mort fait partie de son étreinte. La Grande Mère est éternelle, parfaite et – au delà de notre amnésie – ainsi sommes-nous.

De nombreux élèves refusent la notion qu'il est possible d'être doux en face d'une attaque violente. Peut-être cela vient-il de ce que la plupart d'entre nous se sentent si démunis de pouvoir dans la société ; nous charrions tant de résidus de frustration et de colère ! Quelle que soit la cause, l'image qui prévaut est celle du violent assaillant méritant de recevoir de nos mains la mort ou pire encore, que nous soyons ou non capables de le faire.

"L'absence de crainte face à la férocité" requiert aussi la vieille vertu confucéenne : "Ne fais pas à autrui ce que tu ne voudrais pas qu'il te fasse". Confronté à un assaillant ou, plus communément, à l'idée d'un assaillant, notre tendance est de dépersonnaliser et d'objectiver. L'assaillant vu comme un monstre. Non comme un semblable humain, rempli de peur et de souffrance. Nous ne pouvons plus voir le petit enfant blessé derrière l'image furieuse de l'agresseur et qui sait quelles images parentales inconscientes sont réactivées dans le même moment. Ces images produisent tension, colère et crainte, rien qui soit d'une quelconque valeur pour une réponse martiale appropriée.

Un des principes du **Tao** est que le monde reflète ce que nous avons dans le cœur. Une personne coléreuse vivra dans un monde hostile et générant la colère tandis qu'une personne aimante aura une expérience bien différente du même environnement.

Il est vrai que peu nombreux sont ceux à même de maîtriser leur peur jusqu'à pouvoir répondre avec douceur à une violente attaque. Mais c'est à la fois le paradoxe et la gloire du Tai Chi Chuan que ces grandes vertus, que beaucoup considèrent comme le secret de l'existence – bonté, sensibilité, compassion -, soient aussi le secret de la maîtrise de l'art martial.

"Trop difficile" soupirent les élèves.

Cependant l'objectif n'est pas situé dans un lieu lointain et inaccessible. C'est là, sous notre nez, déjà présent à l'intérieur. Nous mettons simplement le **ch'i** dans le **tan tien**, abandonnons l'armure physique et psychique et devenons "résistant comme un enfant".

Le Maître nous disait qu'il avait eu, une fois, un étudiant qui avait pigé "ça" en moins d'un an. Quel était le secret de cette personne particulière qui avait atteint la maîtrise en une fraction du temps qu'il faut au reste d'entre nous ?

"C'est parce qu'il avait la foi" disait le Maître.

Chapitre 11

Un bon critère d'évaluation d'une école de Tai Chi Chuan est le type d'implication des étudiantes dans la poussée des mains. La poussée des mains consiste à utiliser la douceur plutôt que la force ; cela convient idéalement aux femmes. Mais dans de nombreuses écoles les cours de poussée des mains sont l'affaire d'une bande d'hommes forts se bloquant et se bousculant les uns les autres à l'entour pendant que la plupart des femmes restent assises sur le côté.

Etre capable de gagner en suivant les principes du Tai Chi exige beaucoup de temps et d'effort. En attendant, sans une direction adéquate, un cours se réduit habituellement à son plus petit commun dénominateur, la domination de la force et de l'agression sur la douceur et la sensibilité.

C'est là que de nombreuses femmes rencontrent la difficulté. Maître Cheng disait que les femmes sont naturellement plus douées au Tai Chi. Atteindre leur niveau de compréhension dans la sensibilité et la douceur prend des années aux hommes. Cependant cela peut prendre dix ans pour qu'elles soient payées de retour. Durant ce temps, dans un environnement de poussée des mains insensible, elles seront bousculées dans tous les sens et, probablement le plus frustrant de tout, "enseignées" par des hommes plus forts qui supposent que, puisqu'ils gagnent, ils doivent en savoir plus.

Mettre en application les vertus de la douceur est frustrant et difficile. Tous les étudiants sincères en poussée des mains – hommes et femmes – doivent affronter ce problème.

Professeur Cheng Man-Ch'ing

A la fin de ma seconde année d'étude du Tai Chi, j'eus l'intuition de ce qui pouvait être atteint au travers de l'art et de ce que j'avais à faire pour y parvenir. J'obtins un boulot à temps partiel et devint un "accro" du Tai Chi. Pendant les cinq années qui suivirent, en compagnie de deux autres "accros", j'ai pratiqué la poussée des mains six heures par jour et sept jours par semaine. Evitant de bloquer et de bousculer brutalement, comme le font trop facilement la plupart des débutants, nous étions doux, sinon dans nos corps et nos psychées, du moins dans notre pratique.

Durant ces cinq ans nous étions constament poussés par les autres étudiants – même par les débutants. Nous ravallâmes notre fierté, non sans considérablement nous contenir, nous persévérâmes et débouchâmes, au bout de ce chemin amer, en un lieu non moins difficile mais un peu moins frustrant : nous étions devenus des pratiquants de Tai Chi.

J'entend maintenant des étudiants sur le chemin, des hommes et des femmes sensibles, frustrés de pousser avec des personnes ayant à l'évidence moins de sensibilité et de compréhension, qui ne les bousculent pas moins à volonté et contre lesquelles ils sont démunis. La plupart ne peuvent assumer ce meurtrissement de l'égo. Les femmes se plaignent : "J'ai vécue toute ma vie bousculée par des hommes insensibles et maintenant vous voulez que j'en fasse une vertu ?". D'autres perdent la foi dans le Tai Chi lui-même tant il semble que, quelle que soit l'intensité de leur application des principes, cela ne marche pas.

Le Maître s'adressa une fois ainsi aux élèves de la poussée des mains : "Tous des gens solides, et ils poussent... et ça continue comme ça, et ça devient 'vas-y, vas-y, vas-y', juste un grand jeu. Mais la force n'est pas loin. On ne peut pas dire dans le même temps que c'est du Tai Chi Chuan.

Ce à quoi nous nous appliquons ici n'est pas du tout un jeu mais c'est suivre le **Tao**, étudier le **Tao**. Ce n'est pas un jeu, ça n'est pas 'vas-y'.

Si vous désirez réellement étudier, le moyen de le faire est de mettre un fort avec un faible ou un fort avec une femme. D'abord l'un pousse puis, après quelques essais, il change et laisse l'autre pousser. Ca n'est pas un concours comme cela tend à le devenir entre deux personnes plus fortes. De cette manière vous pouvez apprendre."

Il illustra de nombreuses fois cette idée. "Le plus faible avec le plus fort" tend à éliminer la force de la pratique ; le plus fort n'en a pas besoin et le plus faible sait que cela ne sert à rien. Cela n'enlève pas "l'amertume" de la pratique – seules la soumission de l'égo et de la volonté peuvent y parvenir – mais cela met l'étude sur un plan qui centre l'attention sur le réel travail.

Ca n'est pas deux forts qui se bousculent l'un l'autre, 'vas-y, vas-y, vas-y'. C'est deux personnes ne voulant pas utiliser la force ni résister ; deux personnes qui essaient d'être douces.

La méthode que le Maître recommandait, commence contre un mur. Une personne se place le dos au mur – son rôle est de pratiquer la neutralisation. L'autre fait face au mur – son rôle est de pousser. La personne qui pousse s'efforce de rechercher les faiblesses de son partenaire et de le déséquilibrer avec un minimum d'énergie. Elle ne doit pas bousculer parce qu'elle essaie d'éveiller l'énergie interne qu'elle ne pourra découvrir que lorsqu'elle aura exorcisé la force dure et rigide.

La personne qui est le dos au mur ne pousse pas. Elle pratique la neutralisation et elle ne doit pas résister du tout. Elle doit neutraliser complètement la force qui lui arrive ***avant de tenter de la retourner*** ; elle ne doit pas user de sa force pour bloquer l'énergie du partenaire ni pour le pousser de côté. Après trois poussées on change les positions, celle qui neutralisait pousse et inversement.

Si les deux partenaires sont sincères, celui qui neutralise doit investir dans la perte. "Investir dans la perte" était un des plus grands enseignements du Maître. Parce que la neutralisation est bien plus difficile que de pousser, celui qui la pratique est sûr de "perdre". Cependant, la compréhension du fait que vous pratiquez le **Tao** – et partagez cette pratique avec quelqu'un qui, quand vous inverserez les rôles, passera par la même épreuve – adoucit la brûlure.

"Prenez par exemple deux personnes" disait le Maître " dont le *gong fu* [capacité, niveau de maîtrise] de l'une est meilleur que celui de l'autre. Nous sommes aussi de bons amis et je fais la poussée des mains avec toi tous les jours et je te laisse me pousser à chaque fois. Disons que tu me pousses cent fois mais j'aurai étudié comment tu fais. C'est ça l'idée. Je te le demande, à qui penses-tu que reviens finalement l'avantage ? Dans ce cas, est-ce que tu as l'avantage ou est-ce moi ? Réfléchis-y. Maintenant, ces cent fois où tu m'as poussé, bien que j'ai perdu cent fois, font que j'ai gagné. J'ai volé ton mouvement, j'ai compris comment le faire et comment y échapper. Ainsi c'est comme si tu m'enseignais. Tu m'as enseigné 99 fois pour cette fois où j'ai esquivé. Lequel a l'avantage alors, toi ou moi ?

C'est ainsi qu'en subissant un grand désavantage vous devenez avantagés. Vous devez comprendre cela. C'est plus important que de pousser pendant un millier de jours."

Chapitre 12

Un étudiant était troublé et voulait l'aide du Maître. Il avait étudié le Karate avant le Tai Chi et voulait savoir lesquelles des postures de la forme étaient les plus adaptées au combat. "La garde ?" demandait-il. "Jouer de la Guitare ?". Quelles étaient les postures de combat que recommandait le Maître ?

"Juste comme ça", sourit le Maître. Il était déjà dans la posture ; c'était la manière dont il semblait toujours se tenir. Détendu, l'essentiel du poids sur une jambe, les mains tranquillement jointes sur le bas du ventre. "Juste comme ça."

"Un combat" disait-il "est un contrat qui oblige deux personnes à l'honorer. Une prise de position combative signifie que vous avez accepté le contrat. Auquel cas vous méritez ce que vous cherchez.

Dans un combat deux choses seulement peuvent arriver. Les deux sont terribles. L'une est que vous perdiez et souffriez l'indicible : une blessure grave ou même la mort. L'autre est encore pire : vous blessez ou tuez l'autre personne. Auquel cas vous devrez faire face à la loi."

A l'occasion le Maître développait ses pensées sur le combat.

En ayant affaire à un attaquant brandissant un couteau : "Pensez-y comme à un plumeau. Si vous avez cette image vous ne serez pas effrayé et vous serez capable d'y faire face comme si vous faisiez la poussée des mains."

A chaque fois que je laisse libre cours à mon ego en résistant à la force de mon partenaire durant la poussée des mains, je me souviens de ce truc au sujet du couteau. "Qu'est-ce que ce serait si au lieu de ses mains c'était un couteau qu'il appuyait sur ma poitrine ?". C'est une pensée instructive.

En ayant affaire avec un attaquant doté d'une arme à feu : "Voici la défense" riait-il en levant les mains dans la position de celui qui se rend. Puis, plus sérieux, "Cela, si la personne qui détient l'arme est éloignée de plus de huit pieds. Si elle est plus près, elle a perdu parce que vous pouvez bouger plus vite que son esprit peut appuyer sur la gâchette." Le Maître parlait à partir des principes et du développement de son propre art plutôt que du niveau que nous avions atteint.

Et, lui demanda-t-on, si un combat est inévitable ?

"Si un combat est incontournable, les techniques de la poussée des mains devraient suffire. ==Cédez devant l'attaque et envoyez l'adversaire voler.== Après un ou deux essais, n'importe quel attaquant serait probablement découragé de continuer le combat.

Cependant si vous êtes attaqué par un groupe ou par des hommes armés et qu'ils en veulent à votre vie alors vous devez être incisif. Cette qualité vient plus de la forme que de la poussée des mains."

Lou Kleinsmith, étudiant avancé, m'expliqua ensuite :

"Si quelqu'un te lance un coup de poing, tu devrais être capable de l'envoyer ballader si ta poussée des mains est assez bonne et ça devrait suffire à éteindre l'ardeur de l'attaquant. Mais s'il essaie de te tuer cela impose de le décourager plus sérieusement. Par exemple en lui cassant un bras ou en lui brisant un organe interne et ce genre de chose est contenu dans la forme. Aussi, vois-tu, c'est une erreur de considérer la forme comme un exercice et la poussée des mains comme un combat. Dans un certain sens c'est la forme qui est concernée par le combat, pas la poussée des mains."

Généralement le pratiquant de Tai Chi ne provoque jamais le combat ; il est ainsi dans une position de riposte. Mais, quand un groupe d'hommes armés est sur le point de passer à l'attaque ou si, comme disait le Maître, "ils vont attaquer quelqu'un de faible et d'innocent que vous voulez défendre, dans ce cas il ne serait pas sage d'attendre leur attaque. Votre stratégie devrait être de prendre l'initiative, mais en usant d'une feinte préalable qui provoque une tension momentanée de l'adversaire et vous donne l'opportunité d'attaquer avec succès."

Maître Cheng était issu d'une tradition bien plus férocement martiale que la nôtre. Dans ses premières années en tant qu'enseignant de grande réputation il dut se mesurer à de nombreux challengers dont les "tentatives de conclusions" (comme dirait Bob Smith) étaient souvent extrêmement violentes. En tant qu'élève il joua même deux fois avec son professeur, Yang Cheng-fu. A chaque fois il fut laissé inconscient sur le sol.

Pour tout cela, et probablement à cause de cela, il était très doux avec nous. Avec tout son énorme pouvoir et ses compétences mortelles, il ne causa jamais aucune blessure durant ses dix ans d'enseignement à New York.

Chapitre 13

Maître Cheng était appellé "Maître des Cinq Excellences" : médecine, peinture, poésie, calligraphie et Tai Chi Chuan.

Son intérêt et son expertise s'etendaient même au delà de ces "excellences".

Il y avait un groupe d'étudiants qui portaient à l'occasion des fleurs au Maître pour le voir pratiquer son amour de l'arrangement floral. Je n'ai aucune idée de son talent là dedans ; ses arrangements étaient beaux mais l'art de l'arrangement floral dans les règles est au delà de ma compréhension. J'étais toujours impressionné cependant, en voyant un homme disposant d'un tel pouvoir montrer une absolue délicatesse en taillant et mettant en forme ses compositions florales. Sa délicatesse résonnait en ce lieu de douceur que j'avais verrouillé en moi et évacué de ma vie d'adulte par crainte d'être trop peu viril. Un des nombreux dons qu'il me fit fut la manière avec laquelle il me ramena à la meilleure part de moi-même.

Il adorait aussi les jeux. Jouer est une tradition au Nouvel An chinois, c'est pourquoi, une année, quelques étudiants avancés se joignirent à lui pour une sérieuse partie de poker. A la fin de la soirée, lorsque les gains et les pertes furent totalisés, Lao Shr était largement dans le rouge.

"C'est très difficile" expliquait-il "de jouer avec des gens qui ignorent tout du poker. On n'arrive pas à les comprendre"...

Quand il jouait aux échecs il n'avait pas besoin de se chercher des excuses. Il n'y avait personne dans l'école ayant son expérience du style oriental. Il disait que, bien qu'étant un bon joueur, sa femme était meilleure.

Une fois, tandis qu'il jouait aux échecs à Taiwan, Ben Lo, puissant étudiant du Maître, lui demanda la permission de tester son énergie interne. Toujours concentré sur ses échecs le Maître étendit son bras. Ben le frappa et rien ne se passa.

"Encore" dit le Maître.

Cette fois il leva les yeux de son jeu et se concentra tandis que Ben le frappait à nouveau. Le bras de Ben se paralysa et il lui fallut une semaine avant de redevenir normal.

Le **Feng Shui** est l'art chinois de vivre en harmonie avec la terre. Feng (le vent) et Shui (l'eau) représentent les éléments fluides de la nature ; se placer dans un environnement au *feng shui* favorable est censé engendrer bonne fortune, paix et longue vie.

Considéré par certains comme pure superstition, l'antique art du *feng shui* est pris au sérieux par de nombreux chinois. Le Maître était un expert que consultaient les hommes d'affaires et les gens désireux d'acquérir une maison, inquiets de l'harmonie de leurs biens avec le flux du **ch'i** cosmique.

Mon premier contact avec le **feng shu**i fut le jour où le Maître, se promenant avec quelques étudiants dans Chinatown, passa devant une boutique d'ameublement qui s'était ouverte près d'un cinéma chinois qu'il fréquentait.

"Pensez-vous que cette boutique aura du succès ?" demanda-t-il.

"Je ne le pense pas, Lao Shr" dit un étudiant. Il souligna que la boutique était située juste en dessous des voies aériennes du métro. Les voies étaient esthétiquement déplaisantes et la boutique devait supporter le vacarme et les vibrations du métro à chacun de ses passages.

Le Maître le contredit. "Cette boutique a un dragon qui passe au dessus d'elle. C'est très favorable. Elle aura un succès formidable."

Le principe essentiel du ***feng shui*** est que le ***ch'i*** circule à travers la terre de la même manière qu'il le fait au travers des méridiens du corps. L'expertise dans cet art c'est de comprendre comment harmoniser voire manipuler le ***ch'i* cosmique.** S'il y avait quelque chose que le vieil homme connaissait, c'était bien le ***ch'i***.

"Connaître le ***ch'i***" que ce soit au ***feng shui***, au Tai Chi ou dans la médecine chinoise peut ou non relever de la science, mais c'est certainement un art et il n'est pas aisé à acquérir. Le fait qu'une telle expertise soit difficile à atteindre a valu à Tam Gibbs, homme de grand accomplissement et de grand avenir, de mourir au début de la quarantaine.

Le Maître était mort quelques années auparavant. La dévotion de Tam à son professeur l'avait conduit à adopter l'engagement de ce dernier à l'égard de la culture chinoise. Lorsqu'il eut une douleur aiguë et persistante dans l'abdomen, Tam s'adressa à un herboriste chinois traditionnel plutôt qu'à un médecin occidental. Employant les techniques traditionnelles qu'utilisait si bien le Maître, celui-ci fit un diagnostic erroné et ne sut pas traiter l'appendicite de Tam. L'appendice éclata, la douleur décrût temporairement et les poisons se répandirent dans son organisme tandis que Tam pensait avoir été guéri, comme il l'avait été si souvent avec le Maître.

Dans les dernières années précédant sa propre mort le Maître plaçait de plus en plus son attention sur ses chers Classiques, étudiant et rédigeant des traités sur Confucius et Lao Tzu. Ses commentaires sur le ***Tao Teh Ching*** intitulés "***Mes Paroles sont Très Faciles à Comprendre***" et traduits par Tam Gibbs furent publiés post-mortem (après leur deux décès) et cela constitue simplement l'un des fruits des dernières années du Maître.

Ainsi, à propos des "Cinq Excellences" elles-mêmes : il avait été à la tête du Collège des Beaux Arts de Shangai et ses peintures et ses calligraphies étaient présentées et vendues en Chine, en Europe et aux Etats-Unis.

Sa poésie a peu été traduite. Quelques poèmes que le Maître écrivit aux Etats-Unis et que Tam avait traduits étaient déchirants et presque insupportables dans leur manière d'exprimer sa nostalgie pour la Chine qu'il aimait ; ils étaient totalement exempts de sentimentalisme ou d'apitoiement sur lui-même.

Des Cinq Excellences, le Maître disait que s'il avait dû n'en choisir qu'une ç'aurait été le Tai Chi Chuan "à cause de la manière dont le Tai Chi permet d'entrer en relation avec les gens".

Mais son art le plus exceptionnel n'avait pas de titre : c'était ce qu'il donnait à ceux qui venaient à son contact. Il était un inspirateur et un phare ; il démontrait le potentiel de l'esprit humain, accessible à nous tous à condition de pouvoir lâcher les blocages qui entravent notre *ch'i*.

Chapitre 14

Maître Cheng vint pour la première fois aux Etats-Unis sponsorisé par un groupe d'hommes d'affaires chinois. Ils constituèrent une association de Tai Chi dans Chinatown, le quartier chinois de New York, et y établirent l'école du Maître.

Le Maître disait que les trois ingrédients pour progresser dans l'étude du Tai Chi Chuan (un autre exemple de cette série sans fin des choses-qui-marchent-par-trois) sont : un enseignement correct, la persévérance et le talent naturel.

L'enseignement correct est le plus important car, sans cela, aucun effort ne pourra rien accomplir. Le talent naturel est de loin l'ingrédient le moins important. L'étudiant doué dispose à l'évidence d'avantages certains mais celui qui est peu talentueux n'a besoin que de travailler beaucoup pour que "ça" vienne, comme le disait le Maître, "par un millier d'efforts, plutôt que par l'unique effort de l'étudiant doué. Mais, une fois obtenu, c'est la même chose qu'on détient ". En réalité, dans le manque de talent réside un avantage. La proportion d'experts ayant commencé à étudier dans des conditions dramatiques de faiblesse et de maladie est si élevée que cela ne peut pas être accidentel. En étant faible on a peu de force à gaspiller et on a ainsi une tendance plus importante à s'ouvrir au *ch'i*. Une personne faible est aussi comme la tortue dans sa course avec le lièvre : sans talent, elle doit persévérer.

Si l'on admet que le système du Maître nous procurait "un enseignement correct" et puisque le talent naturel est foncièrement hors de propos, l'ingrédient critique est la persévérance. L'association initiale de Tai Chi échoua parce qu'elle avait sous-évalué cette qualité.

L'idée du Maître était de rendre le Tai Chi Chuan – selon ses mots "le plus précieux joyau de la culture chinoise" – accessible à quiconque pourrait saisir ses principes et accomplir le dur travail nécessaire. Si cela impliquait des américains – les chinois peuvent être extrêmement chauvins – il ne les rejetterait pas.

La plupart de ses sponsors d'origine ne pouvaient accepter cette position. Ils concevaient l'école comme un club chinois où ils pourraient se nourrir du grand savoir-faire de Maître Cheng. Au lieu de cela l'école fut bientôt envahie de gens passionnés, jeunes, non chinois, pour la plupart blancs. Pour ajouter à la détresse de ces hommes d'affaires chinois, beaucoup de ces étudiants blancs étaient des hippies débraillés portant barbe et cheveux longs. Ceux qui avaient loué le local et qui avaient subventioné la venue du Maître se sentirent exclus de leur propre association.

Un petit nombre d'entre ses sponsors chinois restèrent à ses côtés et devinrent des plus dévoués et des plus capables de ses étudiants. La plupart des autres s'en allèrent. Leur ressentiment couva jusqu'au moment où, profitant du départ du Maître pour un de ses voyages périodiques à Taiwan, ils verrouillèrent la porte et récupérèrent l'association pour eux-mêmes.

Ses élèves loyaux traînèrent comme des orphelins ici et là dans des endroits variés avant de finalement se reloger dans un nouveau local bien plus grand à quelques pâtés de maisons de l'association originale. Bien que l'endroit ait été bellement préparé pour le retour du Maître et que les effectifs aient crûs considérablement, quelque chose de l'esprit de l'école avait irrémédiablement disparu avec son transfert.

Cela reflétait probablement quelque chose du cœur de Lao Shr ; un pas de plus encore dans cette apparemment perpétuelle série d'exils – de Chine à Taiwan, de Taiwan aux Etats-Unis, et finalement de ses racines parmi les chinois à l'adoption par des étudiants blancs étrangers.

Non qu'il se soit plaint. Sa consécration au Tai Chi ne lui laissait d'autre choix que d'aller là où il serait pleinement accepté. Il croyait aussi que la grande étrangeté de ses élèves américains avait ses compensations : un esprit d'investigation frais qui ferait, pensait-il, de l'école de New York, la meilleure.

Il n'était cependant pas naïf au sujet des américains. Il disait que nous souffrions d'une attitude qui nous rendait difficile la compréhension du *gung fu* – effort, discipline, dévouement.

Les américains, disait-il, considèrent une discipline spirituelle comme un achat de limonade dans une confiserie. "Je vais prendre mes 50 cents, les poser sur le comptoir et acheter une limonade. Et si je ne l'aime pas je paierai encore 50 cents et j'en achèterai une autre.

Ce que vous ne comprenez pas c'est que l'étude d'une discipline spirituelle n'est pas comparable à l'achat d'une limonade. C'est ce que vous mettez dedans qui détermine ce que vous en tirez."

L'intensité et la qualité de notre effort détermine la valeur de notre Tai Chi.

Le Maître décrivait le *gung fu* dans le Tai Chi comme semblable à l'édification d'une pile de papier qu'on ferait en déposant une feuille chaque jour. Chaque feuille qu'on ajoute peut sembler négligeable, mais, si on persévère durant des années et des décennies, une simple feuille chaque jour finit par faire une énorme pile.

Conscient de notre impatience, il façonna son enseignement pour le rendre plus accessible aux américains. Quand il enseignait en Chine, le Maître s'accomodait d'avoir un élève travaillant pendant six mois ou plus une seule posture au debut de la forme – "jusqu'à ce que "ça" soit juste". Ses premiers étudiants américains mirent presque deux ans à apprendre la forme mais, après qu'il ait passé quelques années ici, apprendre la chorégraphie de base de la forme prenait approximativement neuf mois.

Il y avait un aspect de son enseignement qui nous aurait découragé si nous en avions été conscients. Le Maître ne croyait pas au gavage à la petite cuillère. Il vous disait quelque chose une fois, peut-être deux mais, si vous persistiez dans votre erreur, quelle que soit la raison, il arrêtait. Quelque chose vous en sortirait peut-être ; il y avait toujours cette possibilité. Mais il était trop occupé pour perdre son temps avec vous.

Cela ne voulait pas dire qu'il arrêtait de vous aimer en tant que personne – nombreux étaient ceux qui continuaient à jouir des feux de son attention longtemps après avoir été exclus de la part de sa concentration qui concernait la transmission des subtilités de l'art.

La Maître était un visionnaire et un créateur. Il se considérait venu aux Etats-Unis planter une graine, "le plus précieux joyau de la culture chinoise". Il reviendrait à ses élèves et aux élèves de ses élèves de développer le courage intellectuel pour en saisir la notion et d'avoir la discipline physique et émotionnelle pour l'alimenter.

Chapitre 15

"...Que la véritable affection et le rassemblement joyeux habite cette salle. Que nous corrigions ici nos erreurs passées et abandonnions notre souci de nous-mêmes. Avec la constance des planètes dans leur course ou celle du dragon sur son sentier de nuage, que nous entrions au pays de la santé et marchions toujours ensuite sur son territoire. Fortifions nous contre la faiblesse et apprenons à être relié à nous-même, sans défaillir un seul instant. Alors notre résolution deviendra l'air lui-même que nous respirons, le monde où nous vivons ; alors nous serons aussi heureux qu'un poisson dans des eaux de cristal..."
Dédicace du Maître pour l'école dans son nouvel emplacement, appelée "Salle de la Joie".

Bien que le vieil homme ait eu ses moments d'abattement (il garda toujours la nostalgie de sa Chine bien-aimée), "heureux comme un poisson dans des eaux de cristal" décrit la qualité qui nous encourageait au travers des frustrations et des difficultés de l'étude du Tai Chi.

Fondée en 1965, son école de Tai Chi New-Yorkaise crût significativement en dix ans. Vers 1975 son effectif était de plus de 200 personnes. De plus, des milliers d'autres y avaient étudié un moment et avaient emporté cette brève expérience dans leurs vies.

Ce n'était pas seulement la présence de Lao Shr qui faisait de l'école un endroit unique. Depuis le début il était l'étoile polaire pour quelques uns des plus consciencieux, des plus capables et intelligents des artistes martiaux de New York.

Beaucoup des étudiants qui commencèrent avec Lao Shr dans les années 60 étaient des adeptes du Judo, du Karaté et de l'Aikido ayant des décennies d'expérience et, pour certains, des talents de champion.

Contrairement à de nombreuses autres écoles d'arts martiaux dans lesquelles les élèves travaillent quelques années, acquièrent un savoir-faire minimum et continuent ensuite par eux-mêmes, les étudiants sérieux qui rentraient en contact avec le vieil homme restaient avec lui. Là où une autre école aurait eu un professeur de dix ans d'expérience avec un assistant en ayant trois, "La Salle de la Joie" était remplie de nombreux étudiants avancés qui auraient pu (comme nombre d'entre eux l'ont fait par la suite) être à la tête de bonnes écoles.

Avant son dernier voyage à Taiwan, le Maître rassembla ses six étudiants les plus anciens. "Vous êtes mes six piliers" leur dit-il. "Ensemble, à vous six, vous me valez".

Le ton de sa voix avant ce dernier voyage était alarmant. Bien que sa personnalité étincellât toujours et que son pouvoir n'ait pas décliné, du moins à nos yeux, une note de pressentiment était entré dans son discours pour la première fois.

Nous entendions des phrases comme "Si vous avez des questions vous feriez mieux de les poser maintenant. Parce que je ne serais plus là très longtemps." Il n'y avait aucun indice qu'il allait retourner à Taiwan pour de bon. Il partait pour une autre visite, comme les deux qu'il avait déjà faites durant les dix années antérieures. Qu'est-ce que ça voulait dire : "Je ne serais plus là très longtemps" ? Il n'avait jamais dit ça pour ses voyages précédents. Avec son pouvoir et sa vitalité, il nous donnait l'impression qu'il serait toujours là.

C'était devenu si dramatique, les dernières semaines avant son départ, que les gens se regardaient les uns les autres avec appréhension car le thème était devenu récurrent dans ses propos.

"Je retourne à Taiwan parce qu'il ne reste plus que quelques uns de mes vieux amis. Maintenant la plupart sont morts. Je dois m'entretenir avec eux pour pouvoir finir mon travail sur les Classiques". C'était comme si les lumières baissaient un peu plus à chaque fois qu'il parlait.

Avec cela, il y avait l'insistance qu'il mettait sur les problèmes d'organisation : structurer l'école pour qu'elle fonctionne sans lui. Bien que ce soit prudent, puisqu'il prévoyait d'être parti pendant un an, il ne l'avait jamais fait auparavant alors qu'il s'en était allé tout aussi longtemps.

Il retourna à Taiwan et nous ne le vîmes jamais plus. Il eut une hémorragie cérébrale, entra dans le coma pendant deux jours et puis mourut.

Après son deuil, la première réponse à sa mort fut une résolution collective de faire en sorte qu'il puisse être fier de nous, une assiduité accrue pour cultiver l'art qu'il nous avait enseigné et édifier l'école qu'il avait fondée. Quelques uns d'entre nous sentirent même que nous commencions à mieux pratiquer ses idées après sa mort, nous éveillant à la réalité que l'ouvrage reposait dans nos mains et qu'il ne serait pas là pour le faire à notre place.

Pendant une courte période il sembla que cette vision s'accomplirait, que les six aînés se tiendraient à sa place et que l'école deviendrait un grand centre de rayonnement du "plus précieux joyau de la culture chinoise".

Mais cela ne devait pas avoir lieu. Il y eut une flambée soudaine d'égo et de rancœur et en quelques années il ne resta plus de l'école que la coquille vide tandis que sa substance s'était éparpillée à tous les vents.

Quelques étudiants pensaient que la dissolution de l'école était inévitable. Sans le magnétisme du Maître, la tendance des étudiants avancés à développer des interprétations individuelles des principes aurait rendu la cohésion impossible. Ce point de vue considérait la rupture comme l'opportunité de donner aux étudiants avancés un espace pour se développer en tant qu'individus et, couplée avec l'unité spirituelle qu'ils partageaient, produirait une "école" bien plus forte, au delà des limitations de l'espace physique.

Il y a création et destruction dans le principe du Tai Chi : la vie se fane et meurt et, de la désaggrégation de la mort, la vie rejaillit à nouveau.

Il y a aussi l'injonction de la "Salle de la Joie" d'"abandonner notre souci de nous-mêmes". Si le Tai Chi est unité, la séparation est son opposé. "Le souci de nous-mêmes" génère la séparation, fait de l'autre un pécheur ou un démon et crée même l'impression d'être à l'abandon, seul et perdu dans le dangereux océan de l'univers où il nous faut toujours nous défendre. Séparation plutôt qu'unité, s'oposant ainsi à la compréhension que nous sommes tous un, que chacun appartient au flux de vie de la Création.

La séparation a sa compagnie d'émotions : solitude, colère, culpabilité et crainte. L'unité apporte avec elle les sentiments de paix, de sécurité, d'harmonie et de joie.

En l'absence d'harmonie, appliquez le principe de la poussée des mains ; on n'y cherche pas à blâmer l'autre, on regarde en soi-même. Nous devons aussi comprendre que nous ne devons pas nous laisser aller à la séparation et à ses émotions négatives corrélatives ; c'est le signe que nous ne sommes pas en équilibre et, si on n'y porte pas remède, cela peut entraîner des troubles plus graves. L'organisme sain et équilibré est censé être "heureux comme un poisson dans des eaux de cristal".

Chapitre 16

Tam me raconta une fois une histoire qui s'était passée dans le métro avec le Maître alors qu'ils se rendaient à l'école. Un vieux rabin monta dans la voiture et s'assit non loin de Lao Shr.

Les deux anciens se détaillèrent mutuellement. Ils étaient là, dans leurs atours archaïques, expressions vivantes de traditions multiséculaires. Après quelques stations le rabin quitta la voiture.

Le Maître se tourna vers Tam, "Quel drôle de vieux type".

Une fois, une poignée d'entre nous était dans son bureau à regarder à la télévision l'un des départs américains pour la lune. Le Maître était toujours très fier de la culture chinoise et, encouragée par l'exubérance chauvine du commentateur télé, la conversation vint rouler sur la gigantesque avance spatiale de l'Amérique sur la Chine.

"Il y a une raison pratique pour laquelle l'Amérique a eu la lune avant la Chine" dit le Maître. "Je vais vous montrer ça". Il prit une balle. "Voici le globe terrestre. Ici, c'est la lune", il désigna du doigt un point au dessus du globe. "Là ce sont les Etats-Unis, juste dessous, et ici, sur le côté en bas, c'est la Chine..."

Lou Kleinsmith était à côté de moi. "Je ne peux pas croire qu'il est en train de dire ça" me dit Lou dans un souffle.

"A l'évidence", conclut brillamment le Maître, "puisque les Etats-Unis sont plus près de la lune que la Chine, les américains devaient y être les premiers".

"Il l'a dit, il l'a dit", Lou fit demi-tour et sortit précipitamment, comme paniqué.

Le Maître allait souvent à la bibliothèque Low de l'université de Columbia pour étudier les textes classiques chinois. Il était parfois accompagné de quelques uns de ses élèves avancés. Un matin il posa une devinette au groupe.

"Pour pouvoir apprécier ce qui est bon dans une chose, il est nécessaire de comprendre ce qui n'est pas bon. Alors, qu'est-ce qui n'est pas bon dans le Tai Chi ?"

Les étudiants étaient tous perplexes. Le Tai Chi est fantastique. C'est excellent pour la santé, cela peut soigner les maladies, accroître la longévité; c'est excellent pour se défendre, et ça détend par dessus le marché. Personne ne pouvait résoudre l'énigme.

"Ce qui n'est pas bon dans le Tai Chi c'est que ce soit si terriblement difficile à accomplir" dit le Maître.

Récemment j'en suis venu à me poser la même question à propos de Lao Shr lui-même. J'ai été un des protagonistes de la dissolution de la grande école qu'il avait fondé à New York, résultat de politiques mesquines. Aujourd'hui, en regardant ceux d'entre nous qui tentent de poursuivre son enseignement, je suis frappé de combien nous sommes loin du compte, à la fois en terme de notre accomplissement dans l'art du Tai Chi Chuan et, plus profondément, de l'énorme gouffre entre son esprit rayonnant et notre égotisme lugubre et craintif.

A quelles limitations en lui, en tant qu'enseignant, renvoient ces échecs ?

Ou bien nous enseigne-t-il encore et alors, par delà la méthode correcte, nous devons persévérer parce que c'est "si terriblement difficile à accomplir".

Chapitre 17

La détente est le principe cardinal du Tai Chi Chuan. Ensuite viennent les Trois Trésors de Maître Cheng. "Suivez les Trois Trésors" disait-il "et vous n'aurez pas besoin de vous soucier de l'authenticité de votre pratique".

Le Premier est le point au sommet de la tête, correspondant à la zone molle sur le crâne d'un bébé. "Vous devez imaginer" disait le Maître "que vous êtes supendus au ciel par une corde accrochée au point central du crâne". Une autre image qu'il employait était d'imaginer "qu'on avait la tête pressée contre le plafond".

Il dit une fois qu'on aurait beau pratiquer durant 30 ans, si on ne faisait pas attention à la suspension du sommet de la tête au ciel, ce serait pur gaspillage.

L'importance de ce premier "trésor" est lié à la colonne vertébrale. Si la tête est complètement droite, "suspendue au ciel", la colonne est alors pleinement érigée, sans écrasement des vertèbres. Pour la physiologie taoiste, la colonne vertébrale est le "pilier du ciel" auquel se rattachent les nerfs et les organes internes. Le mauvais alignement et la compression de la colonne sont responsables de maux innombrables.

"Si le pilier du ciel s'effondre," disait le Maître "quel espoir y-a-t-il encore pour la santé?"

C'est l'absolue rectitude – une rectitude détendue plutôt que rigide – qui permet au **ch'i** de circuler au travers de la colonne vertébrale jusqu'au sommet de la tête. Ce mouvement du **ch'i** fait partie de ce stade final et transcendant du développement dans le Tai Chi qui est décrit comme l' "illumination".

Le Second Trésor est le "Puits Bouillonnant" ou "Source Jaillissante", un point situé au milieu de la plante du pied, légèrement en dessous de la partie antérieure. Le pratiquant de Tai Chi devrait concevoir que son poids s'enfonce dans le sol au travers du Puits Bouillonnant de préférence à tout autre point. On l'appelle le Puits Bouillonnant parce qu'après une période de pratique assidue le pratiquant commence à y ressentir l'énergie interne montant du sol en bouillonnant.

La compréhension du Puits Bouillonnant mène à ce que le Maître appelait "notre unité avec le sol". La puissance, au Tai Chi, est l'expression de l'énergie du corps entier unifiée avec celle de la terre et surgissant d'elle. Bien que l'énergie soit douce – seule la douceur peut développer l'unité – elle a la puissance de la masse qui l'intègre, comme les gouttelettes d'eau individuelles d'un raz-de-marée.

Parfois un élève se plaint d'une douleur dans la cheville ou le genou. Si le poids ne tombe pas dans le sol par le milieu du pied, il est retenu dans l'articulation de la cheville ou du genou qui est alors obligée de le supporter. La douleur est la protestation de l'articulation. La difficulté peut généralement être résolue par l'élève s'il se concentre sur le Puits Bouillonnant, permettant aux articulations de retrouver leur fonction naturelle de conduite du poids dans le sol.

"Bien plus, si le pied n'est pas connecté au sol, il ne peut pas s'enraciner", comme disait le Maître. L'enracinement fait partie de l'aspect fonctionnel du Tai Chi, permettant à la partie supérieure du corps d'être légère et flexible tandis que les jambes sont enracinées dans le sol. Le Maître décrivait le "pied prenant racine" comme une image à prendre au sens littéral plutôt qu'au mode figuré : "Après un certain temps, votre enracinement descendra d'un pouce ou deux en dessous du sol. Quand votre *gung fu* s'approfondira, votre enracinement aura une profondeur de plusieurs pieds".

Les racines permettent au pratiquant de Tai Chi de céder devant la force d'un opposant, d'être traversé sans être heurté. Il est comme un palmier dans un ouragan : le tronc fléchit et cède alors que les racines sont fermement ancrées, ce qui lui évite d'être balayé par la force du vent.

L'enracinement du pied permet le développement d'une grande force dans les jambes. Dans la médecine occidentale les jambes sont appelées "le second cœur". La santé et la vitalité des pratiquants assidus de Tai Chi à un âge où la plupart des autres sont infirmes sont en partie l'expression de la robustesse du système circulatoire et des jambes.

Mais c'est quelque chose de plus que le simple développement de la robustesse cardiaque et des jambes qui rend compte de la vitalité des pratiquants âgés au Tai Chi. D'après le Maître, c'est le nourrissement et le développement du **ch'i** qui produit les merveilles du Tai Chi Chuan.

Le Troisième et le plus important des Trois Trésors du Maître est celui qui concerne directement le développement du **ch'i**. Le Maître disait que celui qui pratiquerait le **gung fu** du troisième trésor n'aurait nul besoin de pratiquer quelqu'autre élément de la discipline.

Ce point le plus important est le ***tan tien***, "le champ de l'élixir". C'est un point situé approximativement un pouce au dessous du nombril et au 3/7 ième de la distance séparant le dos du ventre. C'est là où le **ch'i** est rassemblé et nourri jusqu'à ce qu'il envahisse le corps et les os : le corps se remplit du **ch'i** "spirituel", devient relativement inaccessible aux coups et aux maladies, les os deviennent "durs comme l'acier" au lieu de devenir friables avec l'âge. Finalement le **ch'i** remonte la colonne vertébrale jusqu'au cerveau d'où il s'écoule en "pluie d'or", c'est l'illumination.

On doit, pour nourrir le troisième trésor et selon la phrase du Maître, "Maintenir le **ch'i** et le cœur-esprit en état de veille mutuelle l'un envers l'autre dans le ***tan tien***".

Bien que se traduisant littéralement par "souffle", le **ch'i** a tout un éventail de significations pour l'étudiant de Tai Chi. Selon Maître Cheng il y trois sortes de **ch'i** qui se rassemblent au ***tan tien***.

Tout d'abord il y a l'inspir, l'air, le "**ch'i** du ciel". Ensuite vient le **ch'i** du sang, "le **ch'i** que nous tenons de nos parents". Le troisième est le "**ch'i** des organes internes".

Le "cœur-esprit" qui "veille sur le ***ch'i*** dans le ***tan tien***" est une idée presque aussi étrange que la notion de ***ch'i***. Dans la physiologie chinoise traditionnelle il y a deux sortes d'esprit : le rationnel, le mental calculateur et le cœur-esprit. Le cœur-esprit est intuitif, en rapport avec les sensations et il est considéré comme plus fiable que l'autre.

On peut mettre en parallèle ces catégories et l'idée occidentale de la division du cerveau en deux hémisphères droit et gauche, le cerveau gauche exécutant les fonctions rationnelles, le cerveau droit étant plus intuitif. La fiabilité plus élevée du "cœur-esprit" a même son équivalent dans les théories occidentales d'un accès du cerveau droit à une "conscience supérieure".

Le ***ch'i*** de l'air, le souffle, est collecté dans le ***tan tien*** par le cœur-esprit où il est rejoint par le ***ch'i*** du sang et des organes internes. Un processus alchimique se passe alors. Après un temps de cuisson au feu du cœur-esprit, le ***ch'i*** est transformé en une espèce de vapeur qui envahit et remplit le ***tan tien***. Cette "vapeur" est la quatrième sorte de ***ch'i***, le "***ch'i*** spirituel" qui pénètre les os, remplit le corps et monte au travers de la colonne vertébrale jusqu'au cerveau.

Le bénéfice provenant "du ***ch'i*** et du cœur-esprit en état de veille mutuelle l'un envers l'autre dans le ***tan tien***" ne peut être ni hâté ni forcé. Sans détente, il ne peut avoir lieu.

La "Détente" et les "Trois Trésors de Cheng Man-Ch'ing" constituent les jalons du Tai Chi Chuan. En les suivant, la pratique de l'étudiant s'approfondira. La meilleure manière d'aborder toute question au Tai Chi Chuan est de l'examiner dans sa relation avec la Détente et les Trois Trésors.

Chapitre 18

"Dans l'application du Tai Chi Chuan, quand arrive le moment où quelqu'un veut me frapper ou m'attaquer, alors la réelle utilité de l'art se révèle d'elle-même. Prenez un morceau de tissu, par exemple. Vous pouvez le frapper mais vous ne pouvez pas l'abîmer. Ca ne résiste pas, ça n'est pas consistant. Si vous êtes aussi souple que le tissu, il n'y aura aucun problème. En outre quelqu'un de souple ne sera pas effrayé en cas d'attaque. Ainsi vous serez capable de répondre efficacement à la force et à la vitesse d'un adversaire.
Le point numéro un et le plus difficile de tous est celui-ci : vous devez croire ce que je vous dis. Si vous ne le croyez pas, alors, quand on vous attaquera, vous résisterez et ce sera déjà trop tard."
Maître Cheng, traduit par Tam Gibbs.

A nouveau le crucial article de foi : l'efficacité pratique de la douceur.

La "difficulté" c'est que cette douceur est une qualité de notre soi véritable, celui qui existe en dessous de nos myriades de défenses.

La résistance a sa racine dans le manque de foi dans le soi. Nous créons une armure pour protéger ce soi du monde : images dures de puissance et fausses façades crispées. Pour subsister, ces images prélèvent un énorme tribut en énergie.

A cause de cette armure psychique nous sommes empêchés de créer ou d'aimer et, à la conscience de vivre un mensonge, se mêle de la crainte et du dégoût pour nous-mêmes.

Le **gung fu** doit être doux pour permettre à l'armure de tomber et d'atteindre, par la détente, au soi aimable et tendre qui existe au dessous d'elle.

"Le point numéro un et le plus difficile de tous " serait probablement impossible s'il n'y avait la sagesse du cœur. Le cœur sait que le **gung fu** de la douceur n'est pas seulement un objectif pratique mais l'unique chemin qui vaille.

Chapitre 19

La maîtrise de l'art du Tai Chi Chuan est difficile ; une des fonctions de la poussée des mains est de nous rappeler combien loin nous devons cheminer. Il y a des aspects du Tai Chi sur lesquels il est facile de s'abuser quand au degré d'accomplissement – pas en ce qui concerne la poussée des mains.

Une erreur répandue est de croire que la poussée des mains est la partie martiale de notre **gung fu**, quelque chose comme l'entraînement au combat du Tai Chi. Les trois éléments de base du Tai Chi du Maître sont la forme, la poussée des mains et l'épée. Chacun à sa manière traite à la fois de la santé et de la capacité martiale.

Le nombre croissant de tournois de poussée des mains et l'esprit à l'œuvre derrière cela constituent une évolution déplorable. La poussée des mains n'est pas la domination du fort sur le faible ou la victoire du rapide sur le lent. C'est la soumission de la volonté jusqu'au plein accomplissement de la douceur, telle qu'un vieil homme frêle de 75 ans, complètement détendu, peut faire valser un champion de judo de 110 kilos. Faire de la compétition de poussée des mains dénature l'art. Les tournois excitent les individus à la surtension et à la transpiration en les poussant à se bousculer les uns les autres hors du cercle. Non seulement les principes du Tai Chi sont absents mais ce qui s'y passe est absurde. Comme le disait Bob Smith, un bon lutteur de Sumo pourrait traverser ces tournois de Tai Chi comme le vent sur les blés.

Le Tai Chi bien fait est le meilleur des arts martiaux, mal fait, c'est le pire. Sous l'influence grandissante de l'esprit de compétition l'échelle des valeurs du Tai Chi bascule dans la mauvaise direction.

Un autre prix que paye un étudiant qui pratique une mauvaise poussée des mains est la perte de son aptitude martiale. Au Tai Chi la "fonction" vient par osmose, de la pratique diligente des principes. Il ne s'agit pas tant de l'acquisition de techniques que de la restructuration du corps et de la psychée, "jusqu'aux atomes du corps", pour devenir "résistant comme un petit enfant". Faire la poussée des mains comme un match où l'on se bloque et se bouscule ne permet d'accomplir aucun des changements intérieurs nécessaires.

Chapitre 20

Il est plus facile de critiquer la mauvaise poussée des mains que de pratiquer ou même de décrire la bonne. Le secret, simple mais pas facile, consiste en quatre caractères chinois : "Ne Résiste Pas, N'Insiste Pas" ou encore dans la phrase "N'use pas de plus de quatre onces ni ne laisse plus de quatre onces s'exercer sur toi".

L'injonction du Maître était : "Etudiez la forme [de poussée des mains], elle a du sens !". L'exemple même de l'impatience sur ce point était un système imaginé par un type complètement ignorant qui enseignait le Tai Chi à Long Island. Il avait deux cours de poussée des mains. Dans le premier cours on suivait assez sommairement la forme de la poussée des mains ; puis, selon les mots de l'enseignant "nous tombons nos chemises et nous nous mettons à pousser un peu sérieusement", sans plus s'embarrasser, pour ce sain exercice, de ce qu'il croyait être les limitations imposées par la forme.

"Etudiez la forme, elle a du sens !" **Pung**, **Lu**, **Chi**, **Ahn**; Parer, Dévier *[par enroulement et absorption – ndt –]*, Presser, Pousser ; les postures de "Saisir la queue du moineau". Dans la poussée des mains les postures doivent avoir exactement la même qualité que celles qu'elles ont dans la forme : le dos étendu, les bras relâchés, le corps complètement exempt de tension et de force dure et rigide.

La poussée des mains développe la compréhension de l'énergie et de l'équilibre. Le but est de permettre au pratiquant de faire face à n'importe quelle sorte d'attaque et d'état énergétique, pas simplement d'affronter quelqu'un qui joue le même jeu. Mais la méthode réside dans la maîtrise de la forme de la poussée des mains.

Le Maître disait "Ne Parez pas dans l'espace de votre opposant ni ne Déviez à l'intérieur du vôtre". Si je Pare "à l'intérieur de l'espace de l'opposant", je me suis trop étendu et cette vulnérabilité entraînera la défaite devant un adversaire adroit. "Trop s'étendre" selon les termes du Maître "est une position qui appelle à se faire battre".

"Dévier à l'intérieur de mon espace" signifie que j'autorise l'effondrement de ma forme. Au lieu de détourner et de dériver l'énergie de l'adversaire, je lui ai permis de rentrer chez moi". Dévier est la quintessence des postures du Tai Chi, l'essence du principe fonctionnel. Le Maître décrit Dévier comme "la pose d'un piège". Du fait qu'un pratiquant de Tai Chi n'est jamais l'initiateur d'un combat, cela le met en position de riposte face à une attaque. Cette riposte consiste à Dévier, détourner l'énergie de l'adversaire et, en ayant ainsi pris le contrôle sur lui, à permettre à son avidité de se déployer jusqu'à trop s'étendre, ce dont nous nous servons pour l'envoyer voler. La poussée suit généralement une action de Dévier réussie : l'attaque de l'adversaire ayant échoué il se retire pour se ramasser et en lancer une autre ; nous suivons son mouvement, ajoutons de l'énergie à cette retraite et poussons.

L' "écoute" est la technique du pratiquant de la poussée des mains. Et voici une autre raison pour laquelle bloquer et bousculer sont contre-productifs. Pour écouter on doit être doux et détendu. L'écoute conduit à l'habileté dans "Coller", cette clé qui ouvre la porte de la poussée des mains et fait la merveille du Tai Chi en tant qu'art martial.

Les dires du Maître concernant l'aspect du combat au Tai Chi sont décevantes pour ceux qui sont à la recherche de techniques spécifiques. Il se concentrait presque entièrement sur l'idée de Coller. Si vous comprenez réellement Coller, disait le Maître, votre compétence martiale est accomplie : si vous êtes "aussi doux qu'un morceau de tissu" un coup ne trouvera nulle part de point où exercer sa force – il faut deux mains pour faire un claquement. Vous serez aussi capable d' "entendre" l'intention de l'adversaire avant même qu'il en soit conscient, le mettant ainsi complètement à votre merci.

Le plus haut degré dans l'Ecoute et dans le fait de Coller est ce que le vieil homme appelait "Recevoir l'Energie". C'est le point où le pratiquant transcende les techniques de base de la poussée des mains, le besoin tant de neutraliser que de pousser. L'énergie de l'adversaire est "reçue" et instantanément renvoyée, comme rebondit une balle de tennis sur le ressort des cordes d'une raquette. A son plus haut niveau, Recevoir l'Energie fait pénétrer dans un domaine ineffable où, résultat de ce que le Maître nomme l'illumination spirituelle du pratiquant, il est capable de repousser un attaquant "d'un regard". Le vieil homme soulignait avec insistance que ce niveau de réalisation n'était pas magique; il est bien réel et c'est quelque chose que nous pouvons accomplir.

Avant de transcender, nous devons appliquer notre intelligence et notre discipline à pénétrer les profondeurs de l'exercice de la poussée des mains.

Les cours de poussée des mains du Maître débutaient usuellement par une double et longue rangée d'élèves poussant ensemble. Le Maître déambulait le long de la rangée et faisait presque invariablement deux corrections : il plaçait sa main sur la base du sacrum d'un étudiant et l'enfonçait vers le bas et en avant, persuadant le sacrum de "tomber". Puis il prenait les coudes des partenaires et les tenait ensemble, articulation contre articulation, vous regardant dans les yeux comme pour dire "Espèce de potiche, comprend-le maintenant, c'est important !" Puis il passait à la paire de partenaires suivante pendant que, comme des élèves récalcitrants derrière le dos du professeur, nos sacrums remontaient et nos coudes se séparaient.

Il insistait sur le sacrum et les coudes parce que ce sont la clé de voûte de l'exercice. Il y a un principe confucéen que le Maître caractérisait comme étant la ligne droite qui relie ciel et terre. Cette ligne, qui représente aussi l'humanité, est le principe de centration, d'équilibre et de modération. Le "sacrum tombé" et son correspondant, l'érection de la colonne vertébrale, sont l'expression de la centration dans la poussée des mains, sans lesquels la posture est "cassée". L'attaque de l'adversaire ne peut être déviée de côté ni l'énergie du sol être disponible pour la poussée correcte.

Le maintien du contact des coudes constitue un point de levier permettant au pivot d'un sacrum et d'une colonne droits d'agir sur l'énergie de l'adversaire. Sinon, vous pourriez bien vous tourner en réponse à une attaque mais, le point de levier faisant défaut, vous n'enverriez pas votre adversaire voler. Vous comprendriez ce que Joe Louis [*célèbre boxeur noir américain -ndt-*] voulait dire par "Il peut courir mais il ne peut pas se cacher". C'est le sacrum tombé et le coude au contact qui font toute la sensibilité et toute la fonctionnalité de Coller.

Des deux aspects de la poussée des mains, neutraliser et pousser, neutraliser est de beaucoup le plus difficile. Neutraliser ce n'est pas simplement s'échapper d'une attaque mais c'est simultanément vider et remplir, échapper à l'énergie de l'attaque et la retourner sur l'adversaire.

Visualisez un cercle dont vous, le neutraliseur, êtes le centre. L'adversaire est sur la périphérie et son intention est de pousser au travers du centre et ainsi de vous battre. Votre tâche consiste à le maintenir à la périphérie. Votre méthode est d'entendre son énergie, d'y céder et de la retourner. Comme si votre adversaire en essayant de vous pousser entrait dans un tourniquet. Au lieu de traverser le centre, votre point pivot, il est retourné vers l'extérieur, une porte s'ouvrant sur son chemin devant sa poussée tandis que simultanément une autre se "remplit" en se fermant derrière lui.

Pousser est un peu plus facile mais, malgré tout, assez difficile tout de même à bien réaliser. Votre but est de traverser le centre exact de votre adversaire. Si vous le manquez, trop à gauche ou trop à droite, trop haut ou trop bas, vous allez permettre à son axe de pivoter, dissipant l'effet de votre poussée ; si vous avez mis un quelconque excès d'énergie vous serez poussé. Si la direction de la poussée est correcte et que l'énergie interne est utilisée, l'adversaire décrochera, comme une flèche jaillie d'un arc. Quiconque a déjà éprouvé une bonne "poussée" ne peut plus jamais penser que le Tai Chi est un art strictement défensif.

Les classiques du Tai Chi décrivent deux sortes d'énergie : dure-externe et douce-interne. L'énergie douce est immensément puissante. Il est paradoxal que les petis enfants et les animaux utilisent l'énergie douce tandis que les humains adultes se servent de la moins efficace, l'énergie dure.

L'énergie dure bloque le flux du **ch'i**; c'est l'expression hachée d'une fraction de notre force potentielle. C'est ordinairement la force du bras, de l'épaule à la main, une partie de celle-ci restant toujours bloquée dans le corps de celui qui utilise la force dure.

L'énergie douce est cohérente avec le **ch'i** et n'entrave pas sa circulation. Plutôt que hachée, elle est liée. L'énergie s'écoule du sol au travers tout le corps. Elle représente la puissance du corps entier ; le Maître la caractérisait comme étant semblable à l'effet de masse du vent dans un ouragan ou de l'eau dans un un raz-de-marée.

Une bonne poussée n'est pas seulement une expression de l'énergie interne. A mesure que le pratiquant s'adoucit – développant son énergie interne – il devient aussi plus sensible. Il apprend à trouver le centre de son adversaire. C'est un processus très subtil; cela implique d' "entendre" la qualité précise du déséquilibre de l'adversaire et la direction de la poussée ainsi que, selon les termes du Maître, de "détecter la première vague de résistance". Quand l'adversaire se retire, vous "entendez" lorsqu'il commence à être gêné avant même qu'il le réalise ; à cet instant il commence inconscienmment à résister et à refuser de se replier plus ; vous vous retirez et enchaînez avec la poussée proprement dite : une expression courte et unifiée d'énergie, la force sortant du sol, surgissant dans les jambes, dirigée par la taille et émergeant par les mains qui ne bougent pas de plus d'un pouce.

Il y deux méthodes de pousser un adversaire : pousser à son "point vide", ou **ti fong** (technique consistant à attaquer en se retirant) au "point dur".

Un des principes du **yin** et du **yang**, dur et doux, c'est que lorsqu'il y a une entrave corporelle, un point dur, il y a aussi une ligne d'énergie contraire – de contre-équilibre – indéfendable, un point mou. Les deux mains sur l'adversaire, l'attaquant "entend" la résistance à l'endroit que l'adversaire défend, le point dur. En même temps l'attaquant entendra aussi une ligne d'énergie contraire que l'adversaire ne peut pas défendre – le point mou. Les deux points, dur et mou, sont vulnérables à la poussée. Choisir l'un ou l'autre dépend des conditions de force et de la manière dont l'adversaire colle à l'énergie de l'attaquant.

Pour pousser, il est nécessaire de comprendre une loi de base de l'énergie interne. C'est un point simple mais crucial : la main pleine ou substantielle, est toujours opposée à la jambe qui porte la majorité du poids. Ainsi, si mon poids est quelque part entre 51% et 100% sur ma jambe gauche, ma main droite est pleine et vice versa. C'est la main pleine qui doit être utilisée pour libérer l'énergie interne. Appliquer l'energie à l'encontre de ce principe est appelé le "double-poids" et c'est une erreur fondamentale. Une attaque en double-poids est toujours déséquilibrée, hachée et ne peut jamais se servir de l'énergie du sol.

Lorsque nous attaquons avec l'énergie interne nous ne le faisons pas avec la main gauche ou droite mais avec une ligne d'énergie qui part du pied, est conduite au travers des jambes, la taille et le dos et émerge seulement dans la main.

Problème supplémentaire : là où le point mou est vulnérable, le point dur ne l'est pas. Mon attaque peut toujours traverser directement le point mou, mais si je tente de faire la même chose au point dur, je serai arrêté par la résistance. C'est pourquoi je dois utiliser la technique qui consiste à attaquer en se retirant, le ***ti fong***.

Au moment où mon adversaire commence à résister – sa première vague de résistance – il repousse en s'appuyant contre mes mains. A cet instant il commence à dépendre de mon énergie pour son équilibre. Si je me retire, il chancelle en avant. Pendant qu'il vacille, son enracinement et son équilibre sont brisés. Il ne peut pas résister et il est complètement vulnérable. A cet instant précis, après le toujours-si-léger et délicat retrait, j'attaque, lâchant la flèche de mon énergie. Ce processus entier tient dans une fraction de temps et dans le plus petit des espaces. Cela nécessite une énergie douce et enracinée ainsi qu'une grande sensibilité. C'est l'une des merveilles du Tai Chi – le type même de la Non-Action – une poussée sans obstination ni force dure mais avec la vitesse et la puissance de l'éclair.

Une des raisons pour laquelle la poussée des mains est si difficile c'est qu'elle est imprégnée de ce principe de Non-Agir. Le pratiquant ne doit pas essayer de pousser ni de se défendre. Son attitude consiste à suivre. En aucune manière je ne dois interférer avec l'énergie de mon adversaire. Je lui procure ce qu'il désire tout en créant les conditions où ce qu'il obtient n'est pas ce qu'il attendait.

Pour réussir cela je dois être équilibré et alerte. Dans les termes des Classiques du Tai Chi, je deviens comme une roue en équilibre, si sensible qu'une mouche, en se posant sur elle, la mettrait en mouvement.

Mon attitude consiste à écouter, sans intention. S'il y a intention, je perd ma sensibilité. Je ne peux pas à la fois "faire" et "écouter". L'écoute provient du Non-Agir. Il s'agit juste "d'être là", sans objectif ni prédétermination.

Dans la forme de la poussée des mains, "donner ce qu'il veut à son adversaire" signifie qu'il n'y a pas de moment qui soit automatiquement **yin** ou **yang**. Si je fais l'exercice correctement, le sens de chacun des moments est déterminé par l'intention de mon adversaire. C'est une erreur de croire que les postures individuelles de la forme de la poussée des mains ont une qualité intrinsèque d'attaque ou de retraite; par exemple de croire que Parer c'est se retirer ou que Pousser est une attaque. En fait, en chaque posture réside la possibilité d'attaquer ou de neutraliser; cela dépend si on entend l'adversaire attaquer ou faire retraite. "Le choix lui appartient, le pouvoir est à moi". En principe, entendre l'intention de l'adversaire doit conduire à sa défaite : "La bataille est fini dès lors que les épées se croisent" est un dicton de l'escrime chinoise.

"Qu'est-ce que je dois faire si mon adversaire ne bouge pas ?" est une question souvent posée par les débutants. C'est un état d'insensibilité. "Ecouter" signifie la capacité d'appréhender non seulement les mouvements déclarés mais aussi l'énergie implicite d'une position apparemment statique. La protestation "Qu'est-ce que je fais s'il ne bouge pas ?" se rencontre habituellement dans la situation où un débutant est confronté à un adversaire obtus et résistant qui refuse de bouger. Le débutant essaie de "pousser" mais l'adversaire, tel un bœuf, est immobile.

Mais le débutant ne devrait pas pousser, il devrait écouter. S'il le faisait, il entendrait que son adversaire têtu n'est pas statique du tout en réalité. ==La nature de toute résistance c'est d'*appuyer en retour* contre une force réelle ou supposée.== Si notre débutant amenait légèrement en avant son adversaire entêté – en accompagnant son énergie de résistance, à l'encontre de ce qui est attendu – son adversaire serait déséquilibré et à sa merci.

==L'objectif dans la poussée des mains est de devenir plus neutre, plus doux et plus sensible, et d'entendre l'intention de mon adversaire tandis qu'il n'a aucune idée de la mienne.== En position de Pousser, je ne dois pas exercer de force. Ce serait lui envoyer un télégramme et lui donner du grain à moudre. Je dois être neutre et le laisser me mener à l'endroit où il finit par être gêné, ce que vous pouvez compter sur lui pour faire, si vous êtes patient. ==C'est seulement quand j'entends sa difficulté que j'envoie mon énergie.==

"Donner à l'adversaire ce qu'il désire" consistera pendant une période considérable à lui donner exactement ce qu'il voulait – votre défaite. Jusqu'à ce que vous appreniez "la merveille de la méthode", vous devez vous attendre à une longue et amère défaite. C'est le seul moyen de progresser. "Si vous êtes avide de gagner vous finirez par perdre... C'est seulement si vous êtes capable de souffrir une grande perte que vous finirez par obtenir un grand gain".

Chapitre 21

"Ce n'est pas un jeu. Ce que nous faisons ici c'est l'étude du Tao" – Maitre Cheng

"*T*ai Chi" se traduit communément par "Le Suprême Ultime" (ce qui donne l'orgueilleux et complètement non-taoiste "Suprême Boxe Ultime"). Une meilleure traduction en est "Grande Polarité", comme dans le **yin-yang**, mâle-femelle, positif-négatif, l'éternel principe de l'univers. "Chuan" signifie littéralement "poing" ou "système d'auto-défense". Ainsi le Tai Chi Chuan est le système d'auto-défense basé sur le principe de la grande polarité.

Le **Tao** est indéfinissable. Dans un passage du **Tao Teh Ching** de Lao Tzu il est dit en effet, "celui qui connaît le **Tao** n'en parle pas". Avec cet avertissement le lecteur peut prendre les mots qui suivent pour ce qu'ils méritent.

Le sens littéral, étroit, du "**Tao**" est "Chemin", comme dans "route" ou dans "sentier". Littéralement **Tao** est le chemin pour aller de Pittsburgh à Cleveland ou de la naissance à la mort.

Une description plus fondamentale, ainsi que le **Tao** lui-même, doit être lue entre les lignes, mystère qui se révèle partiellement à mesure que nous éliminons ce qu'il n'est pas et découvrons ses lois.

Y-a-t-il quelqu'un qui n'ait jamais vécu l'expérience du désir désespéré de quelque chose – un travail, de l'agent, un amour – et ne l'ait vu s'éloigner à mesure qu'il était plus intensément désiré ? Mais, si nous pouvons dissoudre un peu le désespoir, ce quelque chose que nous pensions tellement vouloir nous arrive alors comme par magie. Comme l'exprima un élève, "Oh, encore un cas où j'obtiens quelque chose après que j'aie cessé de le désirer".

Le **Tao** ne semble pas être quoi que ce soit que nous ayons besoin d'acquérir. Nous en faisons déjà partie. Il nous arrive cependant de faire de gros efforts pour éviter sa manifestation en nous. Nous bloquons le **Tao** essentiellement par la crainte et la tension.

Pour éprouver le **Tao** nous devons être ouverts. Dans la poussée des mains, si je ne suis pas complètement réceptif à l'énergie de mon adversaire, si j'ai un a-priori sur ce que j'en attend, si j'essaye de la bloquer ou de la manipuler, je suis inaccessible au **Tao**.

Si un homme seul, se languissant d'un amour, déambule le long de la rue pour soigner la douleur de son cœur, il pourra user trois paires de chaussures sans soulager son esprit inquiet. S'il peut se détacher de la crainte sous-jacente à son désir – crainte de ne pas être à la hauteur et d'être incomplet – il peut accepter qu'il va bien à ce moment précis et qu'il est un avec tout ce qui est là et qui sera toujours. Alors il rayonnera d'une énergie positive et son sourire lui sera chaudement rendu du haut en bas du pâté de maisons.

C'est la loi du **Tao** que d'obtenir en retour ce que l'on a manifesté. Si je suis ouvert, généreux et aimant, j'expérimenterai la vie comme sûre, abondante et pleine d'amour. Si je suis tendu et peureux et que je vois la vie comme dangereuse et hostile, ma vie reflètera cette effrayante réalité. Comment pourrait-il en être autrement ? J'ai moi-même défini les termes et je me suis placé au cœur du dispositif.

Le **Tao**, c'est bon. Est-ce que nous nous amusons ? Ou nous sentons-nous en colère, jaloux, seuls et coupables ? Si nous sommes dans la souffrance, nous ne sommes pas détendus et nous résistons ; nous avons bloqué le flux.

La peur est la source du blocage ; elle réside au dessous de nos émotions douloureuses et négatives même si sa présence est généralement cachée.

Une amie démissionna de son boulot. "J'aimais le travail mais il y avait trop de pression, je ne pouvais pas le supporter".

"Quelle sorte de pression ?"

"Ils me font toujours sentir que si je ne travaille pas parfaitement je serai virée".

Elle était effrayée de perdre son travail. Pour calmer sa peur, elle le quitte. Le type de chose "parfaitement rationnelle" que nous faisons chaque jour.

Qu'aurait-elle pu faire d'autre ? Elle aurait pu se détendre. Peut-être qu'ils faisaient pression sur elle pour qu'elle accomplisse parfaitement son boulot ; mais peut-être, par son propre manque d'estime d'elle-même, sa crainte de n'être pas à la hauteur, créait-elle la pression qu'elle ne pouvait supporter.

Elle aurait pu se laisser aller en se disant : "Puisque j'aime ce boulot, pourquoi n'arrêterais-je pas de m'inquiéter de le faire 'parfaitement' et ne le ferais-je pas simplement, en y prenant plaisir. S'ils me virent, ils me virent, mais en attendant je ferais un boulot que j'aime, j'en aurais du plaisir et qui sait de quoi demain sera fait de toute façon ?"

La crainte bloque le **Tao** en faussant notre perception. Elle nous entraîne dans le passé avec un sentiment de culpabilité ou dans le futur avec de l'anxiété plutôt que de nous laisser nous détendre au présent.

Le Maître dit une fois "Faites la poussée des mains comme si vous étiez au bord d'une falaise".

La réponse immédiate des élèves fut de se raidir et de résister. "Bon sang ! Je ne veux certainement pas être poussé d'une falaise !"

Ce n'est pas ce qu'il voulait dire. Il y a une histoire Zen à propos d'un homme poursuivi par deux tigres. Acculé au bord d'une falaise, il saisit une liane et se laisse pendre dans le vide. Comme il s'aggrippe ainsi au flanc de la falaise il voit un des tigres au dessus de lui, au sommet. Regardant en bas il voit l'autre tigre en train de l'attendre. Et deux souris commencent à ronger la liane à laquelle il se tient.

A ce moment, sa vie en jeu, il voit une fraise des bois poussant à flanc de falaise à côté de lui. Il cueille la fraise et la mange, trouvant son goût tellement délicieux.

==La poussée des mains n'est pas un jeu, c'est l'étude du Tao==. Par conséquent elle devrait être faite comme si vous vous teniez au bord d'une falaise, ou suspendu à une liane entre deux tigres, dans un instant cristallin entre vie et mort. Nous pouvons gaspiller le peu de temps qui nous reste au bout de la liane à nous tourmenter pour notre vie, ou nous pouvons laisser tomber la crainte et nous régaler de la fraise.

Je ne peux affirmer avec certitude s'il tient un verre mais le Maître commençait souvent à peindre ou à calligraphier avec un petit coup de whisky.

Pour le Maître, pratiquer la calligraphie c'était pratiquer les principes du Tai Chi : tout le corps détendu, se mouvant tout d'une pièce, l'énergie provenant du sol.

Une chose qui m'a toujours frappé chez le Maître c'est qu'il n'y avait jamais, dans ses gestes, de tension dans les épaules ni dans le haut du corps.

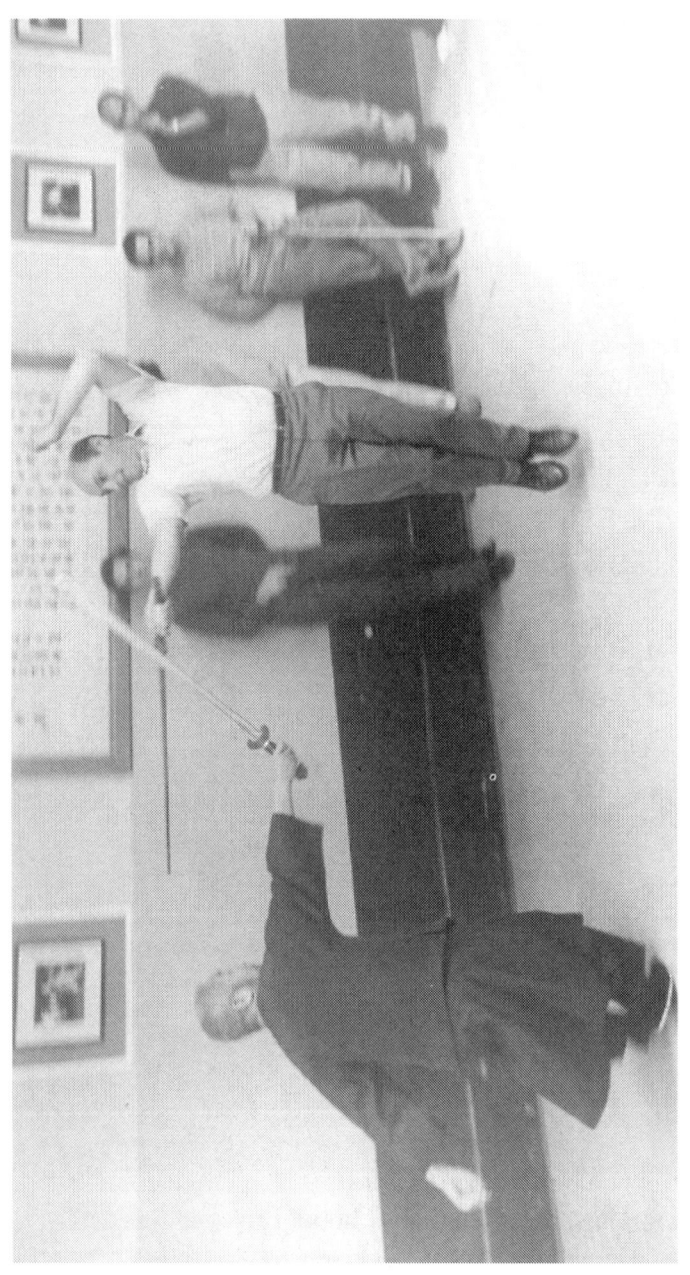

Le Maître à l'escrime avec l'étudiant avancé Lou Kleinsmith. Il adorait travailler avec Lou. Le Maître nous disait que nous étions trop sérieux et que nous devions nous inspirer du sens de l'humour de Lou.

Il y avait toujours quelques enfants qui couraient au travers de l'école. Pour le Maître ils y avaient vraiment leur place.

L'école était un lieu vivant, empli de la personnalité et de l'esprit du Maître. D'étranges activités, telles que l'arrangement floral, avaient cours en permanence.

Le Maître ne parlait pas anglais. Tam Gibbs était son traducteur, son secrétaire et son confident. Mieux qu'aucun d'entre nous, Tam était le disciple traditionnel. Sa vie était sa relation avec le Maître.

Ed Young était l'autre traducteur du Maître. Il mit de côté son travail d'artiste durant les années où il assista le Maître.

Dans les dernières années de sa vie, le Maître passa plus de temps à étudier et à enseigner les classiques de Confucius et de Lao Tzu. Ses lectures sur ces thèmes étaient intéressantes et pleines de verve.

Tam essaie de pousser le Maître et le voilà déséquilibré. Essayer de pousser le Maître c'était comme de tenter d'attraper un fantôme. Etre poussé par lui c'était rencontrer la force irrésistible.

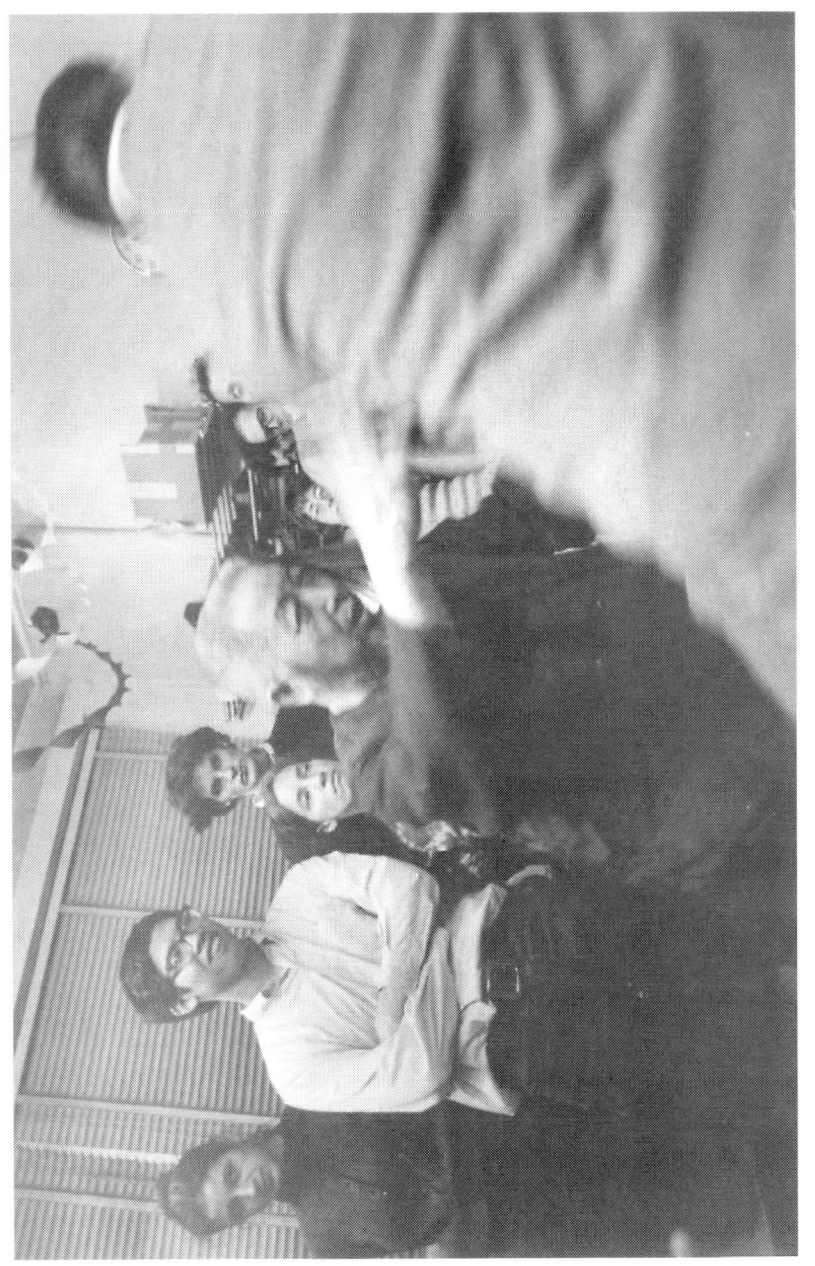

Le Maître explique un point de la poussée des mains avec Ken Van Sickle. De tous les arts, le Maître disait qu'il préférait enseigner le Tai Chi parce que cela impliquait d'être avec les gens.

La plupart de son temps à l'école se passait à son bureau où il recevait les patients, prenait les pouls et rédigeait ses prescriptions de plantes dans son carnet. Bien que ne parlant pas l'anglais, il communiquait toujours un grand intérêt et une grande compassion.

Le Maître en train de faire la forme du Tai Chi. Dans ses dernières années il était inhabituel pour les élèves de le voir faire la forme à l'école. A ces rares occasions l'atmosphère de sa forme remplissait la pièce.

Chapitre 22

Le Maître enseignait qu'il existe un lien vital entre le Tai Chi et les Classiques qui forment les fondations de la culture chinoise. Le Tai Chi est généralement considéré comme un art taoïste. Son créateur légendaire, Chang San Feng, était un moine taoïste qui vivait au 13ième siècle.

Le Maître se disait à 30% Lao Tsu, le sage taoïste, et à 70% Confucius.

Il disait que le troisième chapitre du **Tao Teh Ching** de Lao Tzu est crucial pour les étudiants de Tai Chi. Voici la version du Maître de ce passage critique, extrait de son commentaire et traduit par Tam Gibbs. Elle diffère de la plupart des autres traductions, révélant la substance sous ce qui est, pour d'autres commentateurs, un principe abstrait.

> C'est pourquoi le Sage se gouverne
> en détendant son esprit,
> en renforçant l'abdomen,
> en adoucissant sa volonté,
> en fortifiant les os.

" 'Détendre l'esprit' c'est la doctrine du Non-Agir. 'Renforcer l'abdomen' signifie, dans les termes de l'Empereur Jaune, 'Le Sage avale le Souffle (***ch'i***) du ciel pour atteindre l'illumination spirituelle'. Au Chapitre 20 il est dit 'Faites grand cas de la nourriture de la Mère'. 'La Mère' est la mère de tous les vivants, le 'Souffle' (***ch'i***) donneur de vie du ciel-terre. Ceci est le **Tao** de Lao

> Tzu.... Si l'on pouvait dire que la manière dont le Sage se gouverne ne consiste qu'à se remplir le ventre de nourriture, comment le **Tao Teh Ching** de Lao Tzu pourrait-il mériter son titre ?"

Pour le Maître, l'essence du Tai Chi est contenue dans la phrase : "Maintenir le ***ch'i*** et le cœur-esprit en état de veille mutuelle l'un envers l'autre dans le ***tan tien***". C'est là que réside le profond bénéfice du Tai Chi : le processus par lequel le ***ch'i*** graduellement se rassemble dans l'abdomen jusqu'à ce qu'il déborde finalement et remplisse le corps, produisant santé, puissance, vitalité et même le "magique" renversement du vieillissement. En devenant vieux, normalement nos os s'affaiblissent et se fragilisent ; en nourrissant le ***ch'i*** dans le ***tan tien***, le ***ch'i*** finit par pénétrer les os qui deviennent, selon les mots du Maître, "profondément durs, comme de l'acier".

Le lien entre Confucius et le Tai Chi est probablement plus présent dans la poussée des mains. "Lao Tzu" disait le Maître, "est pour le sage qui vit seul au sommet de la montagne. Mon aspiration ne consiste qu'à devenir un être humain, à apprendre à vivre dans le monde avec mes compagnons humains et c'est cela l'objet de l'enseignement de Confucius".

Si la forme est semblable au Sage au sommet de la montagne nourrissant son ***ch'i***, la poussée des mains reflète les relations humaines dans le monde. Les thèmes principaux sont Equilibre et Justice.

Gagner n'est pas l'objet de la poussée des mains ; maintenir l'équilibre dans la relation à l'autre, oui.

Imaginez que vous vous teniez dans le "Tai Chi" lui-même, ce qu'on appelle le diagramme du ***yin-yang***, avec un pied sur chacun des points. C'est votre univers ; vous ne devez pas aller au-delà ni en être poussé hors. L'énergie d'un autre, comme la circulation des formes à l'intérieur du diagramme, change sans fin, passant du substantiel à l'insubstantiel selon votre manière de céder et d'adhérer. Votre réponse correcte vous permet de garder l'équilibre au sein de votre "univers".

Mais si l'énergie de cet autre croît excessivement -trop avide ou aggressive – votre adhérence et votre capacité à lui céder entraînent automatiquement sa propre destruction. Justice.

Le Maître décrivait ce principe confucéen du Tai Chi Chuan comme étant une échelle sur laquelle un poids posé à un bout produit une réaction égale et opposée de l'autre. Ou bien pensez à un râteau : marchez sur le bout et le manche vient vous heurter le nez. Justice. Le râteau ne pense pas en termes de juste et de faux. Le principe d'équilibre produit le résultat.

On parlait souvent et en profondeur de Confucius et de Lao Tzu, mais il y avait un autre classique chinois que le Maître mentionnait occasionnellement.

Dans les années 60 le *I Ching* était devenu un emblème de la contre-culture. Les gens lançaient les pièces et les tiges d'achillée, "consultant l'oracle" à propos de tout et de n'importe quoi, depuis leur chance quotidienne jusqu'aux prénoms de leurs enfants. Qu'a-t-il pensé la première fois que moi, avec ma barbe et mes allures de hippie, je l'interrogeai à ce sujet ?

Il dit, avec son habituel sourire, "Le *I-Ching* est le plus pronfond des Classiques chinois. Confucius lui-même ne pensa pas être prêt à en commencer l'étude avant d'avoir 70 ans".

"Pouvez-vous me donner un conseil sur la manière de l'utiliser ?". Comme d'habitude, je ne l'avais pas vraiment entendu.

Patient avec moi, comme toujours, il répondit : "Les mots les plus importants quand on utilise le *I-Ching* sont 'Bon' / 'Pas Bon'. Quelle que soit la question – Dois-je prendre un trip ? Devrais-je voir cette personne ? – Bon, Pas Bon ?"

Non pas : qu'est-ce qui va se passer ou quelle sorte d'année vais-je avoir ? Vous devez au moins faire l'effort de formuler la question : "Est-ce bon ou pas, pour moi, de faire cette action ?" Et combien avez-vous déjà accompli ce faisant ?

Le Maître disait que les principes du ***I-Ching*** constituent le fondement des enseignements de Confucius, de Lao Tzu et de l'ensemble de la culture chinoise.

Chapitre 23

Les étudiants du Maître s'inquiétaient beaucoup d' "avoir ça". "Quand-est-ce que je vais avoir ça – est-ce qu'il l'a plus que moi ?". Le vieil homme entretenait cette attitude matérialiste et non taoiste. Un de ses paradoxes était qu'à sa douceur se combinait un penchant intense pour la compétition. Il aurait fait une compétition de n'importe quoi. Je me souviens de lui, une fois, assis à son bureau avec un étudiant qui était guitariste professionnel ; ils pressaient un doigt l'un contre l'autre par le bout des ongles pour voir qui l'emporterait. Un test pour savoir qui avait le plus de ***ch'i*** dans les doigts. Inutile de dire qui avait gagné.

Le Maître parlait d' "avoir ça" : "Encouragez les meilleurs d'entre vous", disait-il souvent, "parce que si l'un de vous obtient ça, il vous y entraînera tous". Et aussi, "J'ai à peu près 60% de ça ; les tout meilleurs élèves n'en ont que 5%".

Q'est-ce que c'était que ce "ça" que nous aurions dû avoir et dont nous étions si loin ?

Dans ses Treize Traités il a décrit les trois niveaux classiques de développement – Ciel, Terre et Homme – et, au sein de ces trois niveaux principaux, neuf degrés de développement :

Au niveau humain :

1. La technique du relâchement des ligaments de l'épaule au poignet
2. De la hanche au talon
3. Du sacrum au sommet de la tête

Au niveau de la Terre :
1. Descendre le ***ch'i*** dans le tan tien
2. Le ***ch'i*** atteint les bras et les jambes
3. Le ***ch'i*** se déplace du sacrum au sommet de la tête

Au niveau du Ciel :
1. Ecoute et perception de la force
2. Compréhension du ***Chin*** (pouvoir interne, la force douce et flexible utilisée au Tai Chi Chuan)
3. Niveau d'omnipotence (le pouvoir sans force physique)

Ce qui en ressortait, globalement, c'était que si "ça" n'était pas ouvertement une qualité martiale, c'était tout à fait en relation avec le pouvoir du Tai Chi Chuan. "La différence entre le Yoga et le Tai Chi" dit-il un jour, "c'est que, si vous trouviez 'ça' par l'étude du yoga, vous ne pourriez rien faire si quelqu'un vous poussait hors de votre coussin".

En plus des étapes classiques du développement il y a de nombreuses gradations plus banales, plus terre à terre pour ainsi dire.

Le débutant moyen est dur et insensible. Habituellement il étudie durant moins d'un an, goûte un peu à l'art qui peut changer sa vie et possède un outil valable pour la santé et la détente. En termes "fonctionnels", sur l'aspect martial, il n'a rien. S'il essaie d'utiliser ce qu'il sait de Tai Chi, il a moins que rien. Il ferait mieux de fuir en courant ou d'attraper une chaise pour se défendre.

De façon intéressante, c'est là que le débutant et le maître se rejoignent, car, si dans une situation dangereuse le débutant a l'intuition du principe, il n'essaiera pas d'utiliser le Tai Chi pour se battre. Au lieu de cela il se relaxera et "écoutera" le cœur de la situation ; de cette manière il peut souvent détendre et complètement désamorcer la menace. Cette expérience, pas si inhabituelle que ça, est souvent le stimulant qui permet au débutant de s'engager plus profondément dans l'art.

Ecueil majeur, si le nouvel étudiant n'est pas préparé à investir dans la perte, si – au lieu de cela – il opte pour la recherche de la victoire, il court le risque d'être un perpétuel débutant. Chaque école a un ou deux élèves qui ont développé un minimum de sensibilité mais qui, ne désirant pas adoucir plus leur égo, voulant que le Tai Chi leur serve immédiatement, deviennent des pratiquants démoniaques de la poussée des mains et poussent leurs adversaires en combinant leur sensibilité avec une force ajustée. Ils ont acquis une bonne technicité, ils dominent n'importe quel débutant et peuvent être des adversaires difficiles pour de bons pratiquants, mais toutes leurs victoires ne valent rien. Peu importe la durée de leur pratique, ils ont claqué la porte du développement réel; ils se sont enfermés au dehors.

Pour éviter cela il importe à l'étudiant sérieux de comprendre que sa sensibilité en développement lui en apprend beaucoup plus sur la raideur d'un partenaire que sur la sienne propre. Il ne peut pas utiliser des techniques de douceur : il doit **devenir** doux, "jusqu'aux atomes de son corps". C'est alors que son Tai Chi commencera à marcher. C'est un processus qui ne se mesure pas en années mais en décennies.

Y ayant mis le temps ou ayant profité d'un bond exceptionnel dans la compréhension le débutant devient un véritable adepte du Tai Chi.

Il a crû en douceur et en sensibilité, non seulement envers autrui mais aussi envers lui-même. La partie supérieure de son corps est relâchée et détendue tandis que sa force plonge dans ses racines qui sont devenues très puissantes.

Il a appris la force interne, "la poussée dans laquelle les mains ne bougent pas" et, en conséquence, il comprend le principe du double-poids. Il a atteint le niveau où le double-poids a autant d'évidence et de sens pour lui que de se promener sous le nez d'un camion en train d'avancer. Il en découle que, lorsque les élèves moins avancés font la poussée des mains avec lui, ils sont impressionnés du peu de substance qu'il semble avoir quand ils tentent de le pousser et combien substantiel il est lorsqu'il les pousse. Lorsqu'ils tentent de libérer l'énergie, ils sont étonnés de voir comme il semble détecter ce qu'ils pensent avant eux.

L'étudiant sérieux est des plus enthousiastes au sujet de son accomplissement les fois où il est pris par surprise. Le

Maître avait dit une fois à ses étudiants avancés "Aucun de vous ne connaît ce qu'il possède avant qu'il ne l'utilise".

Tam raconta que, descendant une rue dans Chinatown, un ami arriva par derrière voulant le surprendre d'une claque dans le dos. Ayant senti sa présence, Tam céda en devançant le coup ce qui entraîna la perte d'équilibre de son ami ; il était sur le point de tomber quand Tam s'élança et rattrapa le gars ébahi.

J'ai eu des expériences semblables très récemment avec le directeur du parc où je pratique le matin. Le directeur, un type solide et aggressif, était devenu curieux devant mes étranges exercices.

"Mais qu'est-ce que vous faites si quelqu'un vous arrive vite ?"

"Nous pratiquons seulement lentement de manière à ce que, en situation réelle, nous soyions capables de bouger rapidement" répondis-je, pas complètement sûr de moi.

Il aquiesca de la tête, moins que convaincu.

Des semaines plus tard nous parlions du temps. Soudainement il m'envoya un coup de poing au ventre. C'était totalement inattendu mais j'interceptai le poing avant l'impact. J'ignore lequel des deux fut le plus surpris.

"Hé ! Vous êtes vraiment bon !" dit-il et il tendit la main pour me congratuler. [FÉLICITER.]

Je mis la main dans la sienne mais, au lieu de la serrer, il la tira brusquement pour me déséquilibrer.

Mon **gung fu** me servit bien. Au lieu de résister j'accompagnai sa force ce qui le déstabilisa ; en même temps je le poussai. La combinaison de nos deux énergies l'envoya à plus de dix mètres. Nous fûmes tous les deux impressionnés. "Ce Tai Chi, ça marche vraiment !" dit-il.

Le jour suivant il se présenta avec un bouquet de fleurs.

"Ignorant ce qu'on possède jusqu'à ce qu'on l'utilise", c'est la bonne nouvelle. La mauvaise, pour notre adepte avancé du Tai Chi, c'est que, dans une confrontation – sans l'effet de surprise –, il se raidira probablement quelque peu. La peur et l'égo seront de la partie et son Tai Chi en souffrira.

Son *gung fu* n'est plus de surface mais le ***ch'i*** n'a pas pénétré les os et sa psychée ne s'est pas transformé au point où "une grande montagne pourrait s'écrouler sans que son visage ne change de contenance".

C'est là que réside la maîtrise. Qui a besoin de s'inquiéter de pousser ou de neutraliser quand son corps est imperméable aux chocs, quand ses os sont comme de l'acier, quand un coup puissant ne blesse que celui qui le donne ? Au plus haut niveau, nous avons l' "omnipotence" où, par l'effet du développement spirituel, l'adversaire peut être rejeté au loin d'un coup d'œil.

Dans ***Le Zen dans l'Art du Tir à l'Arc***, Eugène Herrigel raconte l'histoire de ses six ans passés à étudier le tir à l'arc traditionnel japonais. Il décrit les interminables mois d'efforts frustrants pour atteindre le point où la flèche tombe de l'arc comme la feuille tombe de l'arbre ; là où ce n'est plus lui qui tire la flèche mais, bien plutôt où "ça" tire.

"Ca", c'est ce qui fait du tir à l'arc et du Tai Chi des disciplines spirituelles. "Ca" est une manifestation du ***Tao***.

De la fin de ma seconde année d'étude jusqu'à ma septième, j'étais prisonnier d'un dilemne du Tai Chi, le mystère de la "poussée". Comment peut-on pousser sans pousser ? C'est ce que le principe du Tai Chi vous demande de faire. Vous devez être totalement vide de force de la main à l'épaule. Si ce n'est pas le cas vous allez mettre de la pression et un adversaire habile le détectera et utilisera cette énergie contre vous. "La poussée correcte surgit du sol, jaillit dans les jambes, est conduite par la taille et émerge seulement dans les mains" disait le Maître. "Le secret de la poussée c'est que les mains ne doivent pas bouger de plus d'un pouce et ne doivent pas user de plus de quatre onces de force". C'était ridicule. Il nous demandait de pousser sans pousser.

Pendant cinq ans j'ai essayé de résoudre cette poussée sans poussée. J'en arrivai au point d'être dégoûté de mes milliers de poussées en force. Je pouvais "entendre" toute la force dans mes bras lorsque je poussais mais si je laissais tomber la force et si je tentais de pousser les bras doux et relâchés – bon, mais comment pouvez-vous pousser avec des spaghettis flasques ? Comme je disais à mes compagons de Tai Chi, "c'est comme d'essayer de traire un taureau".

D'autres parlaient de la frustration qu'ils avaient à "investir dans la perte" lorsqu'ils étaient poussés, du martyre de l'égo quand ils rebondissaient sur le mur comme une balle de gomme. Pour moi ce n'était rien comparé à la frustration qu'il y a à "investir dans la perte" lorsque vous essayez de pousser sans pousser.

"Tu es censé me pousser" se plaignait mon partenaire tandis que je me tenais là, avec mes deux morceaux de spaghettis flasques, mon front baigné de sueur, espérant en une intervention divine qui ferait surgir l'énergie interne de mes mains comme des rayons laser.

Amertume ? C'est bien plus frustrant de devoir investir dans la perte quand vous êtes censé gagner que quand vous êtes autorisé à perdre.

Un jour, au summum de ma frustration, alors que j'avais fait le serment de ne plus jamais utiliser la force jusqu'à ce que j'ai découvert le secret, le vieil homme me demanda de faire la poussée des mains. Il mit mes mains sur son poignet et son coude, me sourit et dit "Pousse".

Je recommençai à transpirer. J'avais derrière moi des années interminables dans la connaissance de ce que ça n'était pas ; je savais que j'allais le pousser avec les bras et partir voler pendant qu'il rirait. Je ne voulais plus de ça.

Mais qu'est-ce que je pouvais faire ? Il avait dit, "Pousse". Je ne pouvais pas refuser. Je savais un millier de fois de trop ce que ce n'était pas : ce n'était pas pousser à partir des épaules ; ce n'était pas une intervention divine. Je pouvais rester là toute ma vie durant et le *ch'i* n'émergerait pas de mes bras comme deux faisceaux lasers.

Je savais très bien ce que ce n'était pas ; mais qu'est-ce que c'était ? Quelque chose en rapport avec le corps, sentais-je. Pas dans les mains mais dans le mouvement du corps. "Les mains" avait-il dit, "sont comme le pare-chocs d'une voiture. C'est la voiture qui avance, pas le pare-chocs."

Alors je me penchai en arrière et lançai mon corps en avant. Rien ne sortit de mes mains mais nos fronts s'entrechoquèrent avec un bruit violent.

Un instant j'eus peur de l'avoir blessé. Après un regard surpris, il rit. "Non, non" il désignait son front, "pas ici". Il toucha mes mains sur son poignet et son coude, "Ici".

==Comment pouvez-vous pousser sans pousser ?==

Ca a duré cinq ans. Je ressassais la question non seulement au cours de la poussée des mains mais aussi en marchant, en mangeant, en dormant. C'était mon koan, mon énigme.

Et puis un jour, alors que le Maître était à Taiwan, nous étudions des cassettes vidéo sur lesquelles il conduisait un cours de poussée des mains. Je le regardais en train de pousser et soudain je vis. C'était si simple – tout ce qu'il avait toujours dit était vrai : "Vous ne poussez pas, les mains ne bougent pas, c'est comme le pare-chocs d'une voiture". Tout en regardant la vidéo, je sus que je pourrai le faire. Lorsque les lumières s'allumèrent, je pris un partenaire pour en faire l'essai, mais c'était purement académique. J'avais compris.

La compréhension avait surgi en un instant mais les cinq ans avaient été nécessaires. C'est comme de chercher à extraire du pétrole ; vous devez creuser profond dans la terre avant que l'énergie ne puisse surgir en retour. Non que cela doive prendre à chacun aussi longtemps. Avant d'étudier le Tai Chi j'avais considérablement renforcé la partie supérieure du corps ; j'étais devenu aussi raide et dur qu'une planche. J'avais à défaire toutes les tractions que j'avais faites.

==La poussée provient de la combinaison de la sensibilité et du pouvoir des racines== ; celles-ci proviennent de l'exercice de la détente et du non-agir.

J'ai bien peur aussi que, pour moi, la compréhension n'ait été que la solution à mon premier koan et non l'illumination. Sur des plans plus fondamentaux j'use encore de force. Je n'ai toujours pas appris comment sortir de ce comportement et laisser faire "ça".

Etudier avec le vieil homme procure une définition différente de la "maîtrise" que celle généralement admise et que l'on rencontre au travers des artistes martiaux et "maîtres" spirituels à chaque coin de rue. C'est plus que les imperfections de la technique qui fait de ces "maîtres" des imposteurs grossiers. C'est ce que vous lisez dans leurs yeux ; ils sont prisonniers de la crainte et de l'orgueil.

Liu Hsi Heng, que le Maître avait mis à la tête de son école de Taiwan, est un homme dans ses soixante dix ans qui n'imaginerait même pas de s'intituler "maître". Mais il a beaucoup du pouvoir et de l'aura du vieil homme. Il dit avoir obtenu "ça" après le décès du Maître.

Il y a peut-être là une piste. Un dicton Zen raconte à ce propos que si vous rencontrez le Bouddha, vous devez le "tuer" en retour. Se cramponner à l'idée d'un professeur ou d'un maître garantit qu'il agit à notre place et nous condamne ainsi à rester séparés de "Ca". Peut-être finalement avons-nous eu "Ca" tout le temps ; nous avons simplement oublié où nous l'avons égaré.

Chapitre 24

Rien au monde n'est plus doux et plus faible que l'eau
Mais pour attaquer le dur et le fort
Rien ne la surpasse
Et donc rien ne peut la remplacer.
Que le faible l'emporte sur le fort
Et que le doux l'emporte sur le dur
Est bien connu du monde
Et cependant personne ne le met en œuvre...
> (Extrait du *Tao Teh Ching*, Chapitre 78,
> d'après une lecture faite par Maître Cheng)

Ce qui suit est le commentaire de Maître Cheng sur le chapitre cité : "Cet aspect de Lao Tzu, lorsqu'il parle de la douceur qui l'emporte sur la dureté, ne peut être réalisé que par la pratique du Tai Chi Chuan. Une personne qui pratique le Tai Chi Chuan devrait se servir de son intuition pour en comprendre la signification.

Vous avez besoin de sentir ce que cette idée veut dire. Quand vous poussez de l'eau, elle cède, mais quand elle arrive sur vous, elle vient avec tout son volume et vous n'avez aucun moyen de l'éviter. Le pouvoir de l'eau ne réside pas dans une goutte ou dans un bol ; c'est le grand volume qui le détient.

Le ***ch'i*** en nous est identique. Un souffle de ***ch'i***, ce n'est rien, mais quand le ***ch'i*** s'est accumulé, il a le même pouvoir qu'une énorme quantité d'eau. Examinez ce point soigneusement.

Ne vous lamentez pas de n'avoir pas de pouvoir. Quand vous êtes au contact de votre adversaire et que la force vous arrive dessus, vous devez céder. Si vous pouvez céder et utiliser le ***ch'i*** pour renvoyer la force, alors vous avez le pouvoir.

Un vieux proverbe chinois dit : 'Si quelqu'un tire sur un seul de vos cheveux, tout votre corps le suit'. C'est la sensibilité que vous devez développer ; jusqu'à ce que vous puissiez faire vôtre cette compréhension, vous ne progresserez pas.

Quand je pousse, le pouvoir monte des racines. Vous n'avez aucun moyen de détecter ce qui arrive, c'est pourquoi vous ne pouvez pas résister. Si la force ne provenait que du point de contact – les mains – l'adversaire se rendrait compte de votre venue et ne serait déjà plus là au moment de votre poussée.

L'eau ne résiste pas ; si vous la poussez, elle cède. Si vous pouviez être comme de l'eau, personne ne serait capable de vous résister quelles que soient sa taille et sa force. C'est le principe de la boxe du Tai Chi.

Si vous êtes affolé, le principe s'envole par la fenêtre. Le seul moyen de cultiver le principe c'est d'être sans crainte. Si vous êtes effrayé par votre adversaire alors que vous ne lui faites pas peur, vous feriez aussi bien de laisser tomber.

L'eau n'a pas peur. C'est ce qu'on appelle 'la grande absence de crainte'. C'est seulement ainsi que vous pouvez être doux. Inversement, si je suis sans crainte mais pas doux, le principe ne marche pas non plus.

D'abord vous devez apprendre le principe et ensuite le cultiver. Devenez doux et vous deviendrez moins craintif, ce qui vous rendra encore plus doux et ainsi encore moins craintif. C'est réel, on peut accomplir cela."

Chapitre 25

Je résistais toujours au vieil homme. Lorsque je poussais les mains avec lui, il me faisait rebondir sur le mur comme un yo-yo ; ma résistance rendait cela possible. Il insistait pour que je me détende et que je m'adoucisse ; mais je m'accrochais à mon armure corporelle rigide et à ma volonté tendue, comme un noyé s'accroche à une bouée.

Je lui résistais même avant de le rencontrer. Mon ami David Blake et moi étions étudiants au dojo de Karaté de Thomas Boddie au centre ville. Dave avait entendu parler du Maître ; à l'époque son nom devait avoir résonné comme un coup de tonnerre lointain à travers l'ensemble de la communauté new-yorkaise d'art martiaux. Dave alla le voir et abandonna immédiatement le Karaté pour étudier le Tai Chi Chuan.

Dave était un bien meilleur karatéka que moi et je respectais son intelligence et sa sensibilité mais je refusais obstinément de l'écouter quand il insistait pour que "je visite et voie de quoi ça avait l'air".

Avant d'étudier le Tai Chi, une grande partie de ma vie était inspirée par la crainte d'être démasqué. Je projetais une image de dur mais à l'intérieur je me sentais comme de la guimauve. En écoutant Dave décrire le Tai Chi, je me sentais profondément menacé. Je savais, avec la sagesse du cœur, que ce dont il s'agissait au Tai Chi c'était du lâcher-prise. Pour quelqu'un dont la vie était bâtie sur une façade défensive, "lâcher prise" équivalait à s'auto-détruire.

Pendant six mois Dave me parla du Maître et du Tai Chi. Je finis par aller y voir par moi-même.

Lorsque je pénétrai par la porte de l'école, le Maître était assis à son bureau dans la pièce d'entrée. Je n'avais jamais vu une telle chose auparavant – ni depuis lors -, mais il y avait à cet instant une aura autour de lui ; il rayonnait d'une couleur d'or.

Je sus que j'étais enfin arrivé. Avant d'avoir vu la forme. Avant d'avoir expérimenté son impressionnante poussée des mains. Mon cœur, le sage intérieur, savait qu'il était celui dont j'avais toujours rêvé.

Durant des années j'avais vécu dans un désespoir complet ; ma vie semblait s'écouler comme dans un donjon. J'y espérais en vain que, d'une manière qui m'était inconnue, la porte s'ouvrirait et que je serais alors entraîné dehors, à la lumière. Et maintenant il était là, le gardien des clés.

"Le plus important est de se détendre", disait-il. "Lâchez votre tension et votre force dure et rigide. Ouvrez tous les circuits de votre corps à la circulation du **ch'i**". Sortant de mon premier cours en flottant dans les airs, je me disais "C'est aussi bon que la marijuana".

La marijuana était un sérieux handicap au progrès – un autre domaine dans lequel je résistais au vieil homme. J'en avais pris pendant toute ma vie d'adulte, la considérant comme une chouette drogue, douce pour le corps et un outil précieux pour l'état de grâce qu'elle me procurait.

Le Maître avait peu de patience avec la marijuana, la rejetant d'une phrase la fois où je lui en parlais : "ça affaiblit les reins". Il était moins sévère pour d'autres drogues. L'alcool était sa préférée. Il s'accordait aussi à l'occasion une demi tasse de café et de généreuses quantités de thé légèrement infusé. Bien que ne fumant pas, il disait qu'une seule cigarette après un repas était bon pour la digestion.

"Modération en toute chose" était son maître-mot mais, que la marijuana "affaiblisse les reins", c'était pour lui le coup fatal qui la lui faisait considérer comme un poison. Bien sûr, dans la philosophie de sa pharmacopée, il n'est pas de poison qui ne puisse procurer quelque bien ni de "bonne" substance qui, en excès, ne devienne un poison. La marijuana par exemple, abîme les reins mais soulage l'estomac. Je l'utilisai pour adoucir une attaque de diarrhée parce que je savais que c'était la seule occasion où le Maître aurait approuvé que j'en fume.

Pour le vieil homme "affaiblir les reins" signifiait que la marijuana compromettait le développement du **ch'i** dans lequel les reins jouent un rôle central. C'est seulement ces dernières années, après avoir reconnu ma dépendance et commencé à m'en affranchir que j'ai pu apprécier son avertissement.

La fondation du Tai Chi est dans les jambes ; les reins se rattachent à la force des jambes. Il est pratiquement impossible de développer un enracinement profond en prenant de la marijuana, même occasionnellement.

Durant toutes les années où je fumais "modérément", une fois par semaine, j'étais conscient du prix que je payais bien que je tentais d'en ignorer la pleine implication. Il me semblait que j'étais dans une roue sans fin : épuisé au cours du week-end où je fumais, réédifiant graduellement ma force durant la semaine pour, à nouveau, me diminuer le week-end suivant. Sur le fond, je n'allais nulle part.

Je ne comprenais pas la profondeur du prix que je payais. La puissance du **ch'i** procure l'élan pour la transformation tant psychologique que physique. La marijuana refoule la peur et procure ainsi un fugace aperçu du **Tao**, ce lieu d'absence de crainte et de joie. Mais elle met le chercheur dans une roue sans fin, spirituelle et physique. Les batteries psychiques travaillant en permanence à faible intensité maintiennent le chercheur balloté entre stimulation et dépression, à un bas niveau de conscience.

La racine des peurs est difficile à dissoudre parce qu'elles prennent le masque d'autres émotions : colère, jalousie, ennui, dépression sont tous des expressions d'un sentiment plus profond d'aliénation et de culpabilité que la plupart d'entre nous trimballent comme un bagage permanent. La dépendance vis à vis des drogues est ainsi destructrice de la croissance spirituelle parce qu'elle crée une fixation sur les problèmes de surface au lieu de permettre de traiter des questions en profondeur.

De nombreux débutants de Tai Chi s'adressent à leur professeur en disant : "Je ne comprend pas ce Tai Chi. C'est censé me relaxer mais je me sens beaucoup plus tendu qu'au début".

"Se sentir tendu" sont les mots clés. Ce qui est en train de se passer c'est que le corps de l'élève devient vivant ; il est en train d'"entendre" son habituelle raideur et sa tension. Pendant des décennies ses épaules ont été levées vers les oreilles, "congelées là" comme disait le Maître. L'élève commence à se détendre, la raideur commence à fondre, aussi peut-il sentir maintenant comment est, en réalité, son corps. Logiquement, la sensation initiale n'est pas celle d'un progrès mais : "Mon Dieu, j'ai l'impression que mes épaules sont levées au niveau des oreilles !"

Il est difficile d'affronter nos blocages réels. D'habitude c'est assez douloureux, ce qui explique pourquoi nous avons tant besoin d'énergie physique et psychique pour persévérer dans le travail.

Dans la poussée des mains, par exemple, nous aspirons à utiliser le flux du **Tao** et à laisser tomber notre peur parce que nous nous sentons essentiellement dénués de pouvoir dans nos vies. Nous arrêtons alors de résister et d'user de force et, au lieu d'être récompensés, la première chose qui se passe c'est que nous sommes poussés. Constamment. Par tout le monde.

C'est assez difficile mais, si nous devenons impatients et que nous nous efforçons de l'emporter sur nos partenaires, nous sommes alors tenaillés par le sentiment que, plutôt que d'user du miraculeux, nous gaspillons juste notre temps à être intelligents.

Chapitre 26

Le Maître disait : "Le Tai Chi Chuan devrait être pratiqué sans que le psychologique influence le physiologique. Si, dans la poussée des mains, le désir de pousser et la crainte d'être poussé prennent le dessus, alors ça n'est pas bon. C'est pourquoi le Tai Chi est si difficile.

Si on fait la poussée des mains comme on fait l'exercice, c'est correct. De plus les quatre positions doivent être pratiquées avec la reconnaissance de la vérité, de la sincérité et de l'intégrité qui sont en vous."

Est-il possible d'acquérir l'infinie sensibilité à l'énergie du Tai Chi Chuan si nous tolérons une myriade d'insensibilités dans le reste de nos vies ? Peut-être que l'un des plus grands tributs que nous devons payer pour notre existence de créatures machos dans une civilisation macho est la manière dont notre sensibilité, comme la lame d'une fine épée, s'émousse du fait des coups qu'elle reçoit constamment.

Une amie me dit qu'elle me quitte. Refusant d'admettre ma vulnérabilité, je nie ma blessure et je lui tourne froidement le dos.

Je marche dans la rue et passe devant un homme que j'ai vu des centaines de fois pratiquer dans le parc avec moi. Du fait d'un orgueil rempli de crainte, nous nous croisons sans reconnaître l'existence l'un de l'autre. Bien sûr, c'est vrai, nous vivons à New York. Un jour, après qu'avec mon ami Jim Johnson nous ayons croisé sans un signe de tête quelqu'un que nous avions reconnu, je commentais le fait en affirmant qu' "à New York tu ne dis pas bonjour à moins de connaître vraiment la personne".

"Non" me répondit-il, "à New York tu ne dis pas bonjour, surtout si tu connais la personne".

Les étudiants qui deviennent sérieux dans leur pratique du Tai Chi remarquent ses effets positifs sur leur personnalité. La détente les rend moins craintifs, moins orgueilleux, plus ouverts aux gens et aux situations.

L' "intégrité" cumulée par la pratique – intégrité dans le sens d' "entièreté" – a pour effet de pondérer le comportement, rendant moins enclin à l'emportement ou à la dépression. L'intégrité développe le sens de la responsabilité individuelle, diminuant la tendance négative à faire porter le blâme sur les situations ou sur les autres.

Chapitre 27

Le Maître parlait de l'alchimie taoïste du Tai Chi Chuan bien plus que ne le font ses élèves qui véhiculent son enseignement, probablement parce que, du développement de son **ch'i**, qui est en grande partie pour nous de la théorie, il avait fait une réalité. Notre réticence est compréhensible mais, pour rendre service à nos élèves et à nous-mêmes, nous devons garder à l'esprit son insistance sur ce qui est "miraculeux" au Tai Chi, sa conviction que cela peut être atteint et qu'en vérité c'est le réel objet de l'étude.

Les extraits suivants proviennent d'une lecture sur le Taoïsme qu'il donna en 1970 dans laquelle il résuma quelques uns de ses principes.

" '**Sung**' signifie se détendre, être doux. Aujoud'hui je vais parler de comment vous devriez travailler pour devenir doux.

Le corps entier doit abandonner sa force pour pouvoir se détendre.

Il y a neufs articulations dans le corps qui doivent devenir libres : trois dans le bras, trois dans la jambe et trois dans le dos. Les trois du bras sont le poignet, le coude et l'épaule. Dans la jambe, la hanche, le genou et la cheville. Dans le dos, le sacrum, le cou et le sommet du crâne.

Des neufs articulations, les plus importantes à travailler sont les trois du bras. D'abord le poignet, puis le coude et enfin l'épaule. Les épaules sont très difficiles à détendre.

Pour libérer les articulations, l'idée principale est que les tendons doivent être libérés puis les os. Vous devez travailler sur le relâchement des tendons entre les articulations. Lorsque les tendons sont serrés l'énergie qui en sort est anguleuse au lieu d'avoir une circulation naturelle. Parce que nous avons des habitudes qui consistent à serrer, nous devons travailler pour devenir libres.

Lorsque nous débutons notre étude, nos mouvements seront serrés à cause de l'habitude. Nous devons apprendre à discerner la différence entre une action contrôlée par le cœur-esprit et une action qui ne l'est pas. Une fois le corps parvenu à la détente, n'importe où que le cœur-esprit se concentre, le corps sera libre de suivre.

Des trois articulations du bras, l'épaule est la plus difficile à détendre. Lorsque l'épaule devient libre, le plus gros du problème est résolu. Une fois l'épaule libérée, les autres articulations sont beaucoup plus faciles à relâcher.

Les trois articulations de la jambe dépendent des trois articulations du bras. Des trois articulations de la jambe, la hanche est la plus difficile à détendre. Quand quelqu'un atteint l'étape où il travaille sur le relâchement de la hanche, il y est presque. Ensuite il est prêt pour commencer le dos.

Lorsque l'articulation du sacrum est libérée, le **ch'i** commence à remonter le dos. La détente des trois articulations du dos s'effectue relativement tard au cours de l'entraînement. Pour l'instant vous devriez travailler sur les trois articulations du bras. Lorsque l'épaule sera détendue je parlerai des autres articulations.

Une fois relâché, vous devez travailler sur le **ch'i**. L'exercice du **ch'i** est très différent de la conception occidentale de l'exercice.

Il y a trois sortes de **ch'i**: le **ch'i** de l'air, le **ch'i** du sang et le **ching ch'i**, l'essence des organes internes. Quand le **ching ch'i** devient plein il devient l'aspect spirituel de la personne.

Pour travailler sur les trois sortes de **ch'i**, amenez le **ch'i** de l'air dans le **tan tien**. Concentrer votre cœur-esprit sur le **tan tien** permet à la longue au **ch'i** de l'air de s'accumuler et de devenir efficace.

Il y a quatre mots à garder à l'esprit lorsque vous pensez à la descente de l'air dans le *tan tien*: la respiration doit être fine, longue, tranquille et lente. C'est comme quand on tire le fil de soie du cocon. De ces quatre mots nous débutons avec le dernier, la lenteur. En étant lente, la respiration devient fine et délicate, puis elle devient longue et la tranquillité suit.

Il ne s'agit pas de forcer l'air à descendre. C'est le fait de garder le cœur-esprit concentré sur le *tan tien* qui y conduit l'air. En ce qui concerne la respiration, ce n'est pas un acte conscient.

Lorsque l'idée est dans le *tan tien*, alors petit à petit tout va trouver son chemin vers le bas. Une fois le *ch'i* accumulé au *tan tien*, la personne obtiendra un merveilleux bénéfice sans savoir à l'avance de quels bénéfices il s'agit. Il y a cinq mille ans lorsque l'Empereur Jaune dit : "Avalez le *ch'i* du ciel pour atteindre la divinité", ce n'étaient pas des paroles creuses.

Le *ch'i* est dans tout ce qui est vivant. Si cela n'a pas de *ch'i*, ça n'est plus vivant, ça va se faner. Au Tai Chi Chuan nous voulons commencer à œuvrer avec le *ch'i*.

Nous commençons par les mains. Il y a un point au centre de la main appelé 'le palais laborieux'; après l'éveil du *tan tien*, c'est le commencement de votre éveil au *ch'i*. Ce point de la main étant creux, la force ne peut y parvenir mais le *ch'i* le peut. Quand le *ch'i* de la main l'atteint, le bras est devenu détendu.

Le point suivant est la 'Source Jaillissante', le nom taoïste du point du pied où la racine contacte le sol. Le dernier point est le trou situé au sommet de la tête. La force ne peut parvenir à ces cinq points mais le *ch'i* peut y atteindre. Progressivement vous sentirez ces cinq points. Commencez par vous concentrer au *tan tien*, puis autorisez le *ch'i* à gagner ces points.

En venant à la compréhension de la valeur du Tai Chi Chuan le pratiquant devient persévérant. Si quelqu'un étudie le Tai Chi Chuan en espérant le comprendre rapidement, il ne peut pas y arriver.

Le **I-Ching** dit : 'Le mouvement du ciel est constant, grâce à cela l'humanité existe. Le sage modèle sa vie sur la constance des corps célestes'.

Ceci implique qu'on se fortifie par une activité constante qui améliore la santé. Une personne qui vit sans se reposer contraste avec une société qui s'arrête deux jours sur sept. Le corps peut se reposer mais le mental, l'esprit doivent rester actifs, même si le corps s'arrête. Sinon ce serait comme si les corps célestes se reposaient deux jours sur sept.

Que l'esprit ne se repose pas est lié au **ch'i**; ce dernier doit rester actif. Le cœur-esprit doit être gardé au **tan tien** sans un moment de repos. Ceci est l'exercice constant du **ch'i**, comme le mouvement des cieux.

Comprendre cette idée c'est prendre la décision d'étudier le Tai Chi Chuan. Ces mots sont importants. Si vous les suivez vous ne le regretterez pas."

Plus tard le Maître traita de l'apparent rigorisme de cette idée qui consiste à "exercer le **ch'i** constamment, sans un instant de repos". Il raconta une histoire sur Confucius qui marchait en compagnie de ses disciples.

"Maître", dit l'un d'eux, "comment est-il possible de suivre le **Tao** constamment, sans se reposer ?"

Confucius désigna une tombe devant laquelle ils se trouvaient à passer. "Ne te soucie pas du repos" dit Confucius. "Plus tard tu auras bien assez de temps pour ça".

Les principales techniques du Maître pour le travail crucial de la détente des articulations du bras étaient la "main de la belle dame" et le "coude tombant".

Le poignet devrait être doucement arrondi au lieu d'être anguleux et raide, permettant au **ch'i** de circuler jusqu'au bout des doigts. S'il y a de la tension ou de la dureté, le poignet sera raide et "cassé" et non doucement arrondi. La "main de la belle dame" est l'exemple même du Non-Agir parce que toute idée de "faire", manipuler, forcer ou bloquer provoquera une tension et une angularité du poignet. Pour la pratique du Tai Chi, le poignet et la main doivent être des canaux pour l'énergie interne, sans que s'y ajoute de force. La "main de la belle dame" est la première porte du **ch'i**. Bien que la progression du *ch'i* au travers des "neufs portes" ne soit pas strictement linéaire, on doit, en tant que première étape sur la voie du Tai Chi Chuan, réaliser la "main de la belle dame".

La seconde porte est le "coude tombant". Penser le coude comme tombant et pesant permet de vider l'articulation critique qu'est l'épaule de sa force et de sa tension. Lorsqu'on se sert d'une énergie dure et externe, la main est lourde et le coude léger. Une énergie douce et interne produit l'inverse : main légère, coude lourd. Ce n'est que par une application permanente et diligente que les deux premières portes s'ouvrent, permettant à l'articulation cruciale de l'épaule de s'ouvrir ; et c'est seulement à ce moment que l'on devient un boxeur du Tai Chi.

Chapitre 28

Un jour un élève annonça qu'il voulait interroger le Maître sur la relation entre les pratiques sexuelles et le Tai Chi.

Lou dit : "Si tu veux mon avis, ne lui demande pas. Tu ne vas pas apprécier la réponse."

Le gars n'écouta pas l'avertissement. Lorsque la question fut traduite le Maître dit : "La question est très importante. Je veux vous en parler un petit peu".

Comme nous quittions le bureau pour la grande salle, Lou répéta "Je t'ai averti, tu vas le regretter".

Le Maître commença :

"Au chapitre III du **Tao Teh Ching**, Lao Tzu dit 'Le gouvernement du Sage est dans la détente du mental, le renforcement de l'abdomen, l'adoucissement de la volonté, la fortification des os.'

Lao Tzu essaye d'exprimer les avantages du Non-Agir. C'est pourquoi il dit que le Sage gouverne en relâchant le mental, signifiant que le mental est complètement au repos jusqu'au point où aucune action n'est plus même contemplée.

'Le renforcement de l'abdomen' ne signifie pas remplir l'estomac de nourriture, comme de nombreux commentateurs l'ont interprété. Cela signifie remplir le ***tan tien*** de ***ch'i***. Exactement comme l'Empereur Jaune disait 'Le Sage avale le ***ch'i*** du ciel pour atteindre l'illumination'.

'Affaiblir la volonté' se réfère au fait que la volonté est conservée dans la rate. L'idée est en correspondance avec 'la fortification des os' qui appartient aux reins. Les reins signifient en fait l'ensemble du système uro-génital. Les reins sont la racine de la vie après la naissance. Si la volonté – provenant de la rate – est trop forte, elle n'endommagera pas que l'énergie primordiale, elle détruira la racine de la vie.

Alors comment fortifions-nous les os ? Pour le mâle cela se fait en nourrissant un élément de la semence appelé **ching** et en remplissant les os d'une moelle spéciale, comme l'indique Chi Po, le professeur de l'Empereur Jaune : 'Que la moelle et les os deviennent forts, c'est là le fondement de la vie'.

C'est le chapitre le plus important chez Lao Tzu. Il est souvent mal interprété parce que beaucoup de commentateurs ne comprennent pas la théorie et la pratique de la médecine chinoise.

La médecine chinoise accorde une grande importance au développement du **ch'i**. Le **ch'i** circule comme le sang, et le **tan tien** est le siège du **ch'i**. Le **tan tien** se trouve un pouce et trois dixièmes au dessous du nombril; à trois dixièmes de l'avant du corps et sept dixièmes du dos.

Le **ch'i** s'accumule à partir du **tan tien** au moyen des vaisseaux sanguins, des membranes, de l'espace entre les membranes ainsi que des tendons. Circulant au travers du corps, le **ch'i** tire le sang comme un cheval tire une charette.

Une pierre angulaire de la philosophie chinoise est la théorie des 'Cinq Eléments'. Celle-ci établit que le monde matériel est constitué de cinq éléments – métal, eau, bois, feu et terre – qui interagissent entre eux de manière constructrice et destructrice : le métal engendre l'eau et détruit le bois ; l'eau engendre le bois et détruit le feu ; le bois engendre le feu et détruit la terre ; le feu engendre la terre et détruit le métal ; la terre engendre le métal et détruit l'eau.

La médecine chinoise s'unit à la philosophie, les cinq éléments correspondant aux cinq organes du corps. Le cœur, les poumons, la rate, les reins et le foie correspondent aux cinq éléments.

Les poumons correspondent au métal, les reins à l'eau, le foie au bois, le cœur au feu, la rate à la terre. Tout comme les cinq éléments s'engendrent ou se détruisent mutuellement ; dans la théorie médicale chinoise les cinq organes s'aident ou s'inhibent les uns les autres.

A chaque organe est lié une émotion. La volonté est l'émotion attachée à la rate. Aussi quand Lao Tzu parle d' "adoucir la volonté", il se réfère à la théorie médicale selon laquelle la volonté et la rate, devenant trop fortes, endommagent les reins, comme la terre détruit l'eau.

Lorsqu'il dit 'Fortifier les os', il parle du processus d'accumulation du **ch'i** dans le **tan tien** qui engendre une sorte de **ch'i** spécial et miraculeux.

Un homme commence ce processus avec le liquide séminal produit par le système uro-génital. Ce fluide va, dirigé par la volonté, au **tan tien** où il s'unit au **ch'i** du sang. Puis vous inspirez le **ch'i** du ciel et le dirigez au **tan tien**. Le **ch'i** séminal, appelé **ching ch'i**, se rassemble au **tan tien** avec le **ch'i** du sang et le **ch'i** du ciel. En restant là assez longtemps ils vont générer une sorte de courant, quelque chose comme de l'électricité. Ce courant s'écoule hors du **tan tien** au travers du sacrum et jusque dans la colonne vertébrale et les os où il se condense en un tissu très fin. Ce type de moelle remplit progressivement les os, les rendant durs comme de l'acier. Puis il remonte la colonne vertébrale jusqu'au cerveau et finalement retourne au **tan tien**.

Vous devriez prêter une attention particulière aux paroles de l'Empereur Jaune : 'Le Sage avale le **ch'i** du ciel pour atteindre l'illimination spirituelle'. C'est aussi la méthode par laquelle un sage peut s'asseoir seul dans sa chambre et en arriver à tout connaître.

Il est nécessaire qu'un homme conserve le **ching**, l'élément de la semence qui s'accumule au **tan tien**. L'éjaculation diminue le **ching**. Pour un jeune homme de 16 ans, cela prend sept jours pour reconstituer le **ching** après éjaculation. Pour un homme de 24 ans, cela prend deux semaines ; pour un homme de 32 ans cela prend trois semaines et pour un homme de 40 ans cela prend 40 jours. A la cinquantaine vous devriez garder le **ching** pour votre vie. Vous avez un potentiel de vie de 120 ans. Diminuer votre

ching c'est comme retirer l'argent de votre compte en banque : vous perdez des jours de vie à chaque fois."

Ce discours déclencha un brasier d'intérêt. Durant les semaines suivantes Maître Cheng approfondit le sujet mais la question gênante du ***ching ch'i*** fut laissée en suspens. Sur un point au moins il était évident qu'il ne pratiquait pas ce qu'il prêchait. Dans sa cinquantaine il avait engendré des enfants, ignorant son propre avertissement qu'après cinquante ans "vous devriez garder le ***ching*** pour votre vie".

Le Maître expliqua qu'un homme pouvait soit vivre célibataire comme un ermite taoïste, conservant le ***ching*** pour le développement spirituel, soit vivre dans le monde. La vie séculière impliquait des compromis avec l'ambition spirituelle, l'un de ces compromis étant les impératifs de la procréation. Dit autrement, une homme choisit d'œuvrer sur lui ou d'œuvrer dans le monde. Quand à la base de son propre "choix" le Maître disait souvent que son désir n'était pas de devenir un Bouddha vivant mais juste un être humain.

Pour quelques uns d'entre nous, la vie devint sacrément plus compliquée après qu'il ait introduit le concept du ***ching ch'i***.

"L'art d'avoir des orgasmes sans éjaculer existe-t-il ?" demanda un gars audacieux.

"Oui, mais en Chine seuls les mauvaises gens le font, les hommes qui souhaitent exercer leur pouvoir sur les femmes".

Une des conséquences qu'implique la culture du ***ching ch'i*** c'est que le sexe et l'éjaculation n'ont pas besoin d'être synonymes. L'homme qui, dans l'amour, considère l'éjaculation comme le seul but limite terriblement la qualité de son activité sexuelle.

"Vidé par le bas" est l'expression chinoise décrivant un homme qui se laisse aller à éjaculer excessivement. C'est une sorte de dépendance : plus on est vidé, plus grande est la compulsion pour se vider encore. Etre "Vidé par le bas" peut attaquer la santé et même conduire à la mort. Très différent de la théorie occidentale en vigueur : "Ne s'use que si l'on ne s'en sert pas" (*).

Le Maître expliqua que c'est un domaine de plus où les femmes ont un avantage naturel sur les hommes. Le **ching ch'i** d'une femme est présent dans le sang au lieu d'être dans la semence. Chez les femmes le **tan tien** est situé juste au dessus de l'utérus et le **ching** produit les ovules.

Bien que les femmes ne rencontrent pas le problème de la diminution du **ching** par l'éjaculation, le Maître disait qu'une femme au comportement sexuel immodéré paie un tribut différent. Comme la période où elle peut avoir des enfants est bien plus courte que celle de l'homme, un femme sacrifie l'opportunité d'avoir des enfants si elle choisit le "vagabondage" durant ses années de fertilité.

(*) L'expression anglaise est ici "use it or lose it", soit, mot à mot : "sert-en ou perd-le" – ndt –

Chapitre 29

"En vénérant l'enseignant vous ne bénéficiez pas seulement de son enseignement, vous vous harmonisez en fait avec sa connaissance. Si vous ne révérez jamais votre enseignant ni n'avez de considération pour ceux qui sont encore sans compréhension, ceux pour lesquels vous êtes un exemple, vous êtes manifestement perdu. Connaître ceci est un constituant essentiel du Tao." – D'après un commentaire oral du Maître sur le chapitre 27 de Lao Tzu

Liu Hsi-heng, le successeur du Maître à Taiwan, disait qu'un enseignant devrait non seulement travailler avec ses élèves sur l'art du Tai Chi Chuan mais les aider à devenir véritablement humain et à se comporter convenablement :

"Les principes du Tai Chi Chuan peuvent être utilisés en totalité dans la conduite de la vie. Par exemple, au Tai Chi Chuan nous mettons l'accent sur le fait de céder, sur comment investir dans la perte. Nous devons apprendre à être tendres, doux et pacifiques. Ce sont aussi les principes pour cultiver votre esprit et pour vivre avec les autres sans problème".

Ce fut un soulagement de rencontrer finalement Monsieur Liu. Ayant étudié avec le Maître, j'avais du mot "maître" une perception très différente de ce qu'elle est communément. La différence fondamentale entre le Maître et les 10 000 petits maîtres n'est pas dans sa transcendante capacité et leurs vastes limitations ; elle est bien plus dans la qualité de sa personne. C'est peut-être le mot "harmonieux" qui l'exprime le mieux.

Avec les années, un doute avait commencé à germer dans mon esprit : ce n'était pas les principes de l'art qu'il avait épousé mais quelque accident génétique, une mutation évolutive, qui avaient engendré le vieil homme. Peu importe combien dur nous étudiions, je craignais que le reste d'entre nous soyions bien courts et voués à l'échec.

Liu Hsi-heng était dans ses 70 ans lorsque je le rencontrai et, plus que sa capacité, ce fut son caractère qui calma mon doute torturant. Un autre vieux avait "ça", était devenu doux, sans crainte et harmonieux. Il attribuait cela à son professeur et au Tai Chi Chuan.

Je fis un atelier avec Monsieur Liu. A la fin des deux jours durant lesquels il avait travaillé plus que quiconque, il était encore plein d'energie et d'enthousiasme. Passée l'heure à laquelle l'atelier devait se terminer, il était toujours sur pieds, répondant passionnément aux questions.

Le Maître aussi avait une énergie fantastique. Cela doit être en rapport, je pense, avec la clarté personnelle. Nos peurs et nos défenses vident le *ch'i* et sapent l'énergie. Une vitalité et une joie accrues sont la récompense de la dissipation du négatif.

Lorsque je fis la poussée des mains avec Monsieur Liu, tout ce que je n'avais plus expérimenté depuis la mort du Maître me revint. C'est le paradoxe du Tai Chi bien pratiqué que d'être un art martial insurpassé mais aussi non violent.

Etre poussé n'est généralement pas amusant. Au mieux nous sommes défaits et frustrés, au pire humiliés ou blessés.

La poussée correcte, cependant, est faite par le Non-Agir. Monsieur Liu ne me poussait pas, je me poussais moi-même ou, plus exactement, ma résistance et le principe opérant à travers lui provoquaient ma poussée.

Lorsque quelqu'un est poussé selon le principe du Tai Chi, cela n'éveille pas de sentiments négatifs. Vous ne sentez pas la volonté de l'autre à l'œuvre sur vous ; votre égo ne réagit pas. C'est comme de faire un tour dans un parc d'attraction – secouant mais amusant. Le Tai Chi vise à un état où, en théorie, un combat peut être gagné sans détruire l'harmonie du vainqueur ni du perdant. Au plus profond niveau, le principe est non-violence, attention et compassion envers l'autre comme envers soi-même.

Monsieur Liu dit : "La première chose que vous devez apprendre c'est qu'il vaut mieux se dévouer que d'essayer d'obtenir ; ou qu'il vaut mieux s'ouvrir plutôt que d'espérer que les autres s'ouvrent à vous. Ceci implique un esprit de sacrifice. D'une manière plus large il s'agit de devenir une personne sans 'moi' ou de perdre le moi dans tout ce que vous faites. Vous ne pensez pas à vous-même mais à la société, au pays et au monde".

Chapitre 30

> "Faites la poussée des mains comme si personne n'était là, faites la forme comme s'il y avait quelqu'un".
> Maître Cheng

Au Tai Chi, la capacité martiale se développe par osmose. Une pratique correcte et, comme aurait dit le Maître, "sincère" de la forme et de la poussée des mains procure une sagesse corporelle, un pouvoir instinctif qui, quand il émerge pour la première fois, surprend le pratiquant.

Pratiquer avec l'objectif d'obtenir la compétence martiale conduit au résultat opposé. L'étudiant reste dur et tendu et, quelle que soit l'habileté au combat qu'il démontre, c'est une manifestation de l'aggressivité, de la vitesse et de la force qu'il apporte à l'étude. On ne peut plus dire que c'est encore du Tai Chi Chuan.

L'étudiant doit devenir complètement doux pour que le processus d'osmose ait lieu ; alors il devient un boxeur du Tai Chi. Il doit effectuer la poussée des mains comme s'il n'y avait personne. Peu sont capables de mettre cette notion en pratique car elle est difficile à accepter littéralement. La plupart des étudiants nourrissent l'idée que le non usage de la force et la non résistance sont une métaphore, une manière de mesurer l'esprit de la chose plutôt qu'une formulation littéral de la méthode.

Mais un réel boxeur du Tai Chi est comme un fantôme : essayez de le pousser et il n'est pas là alors que son propre pouvoir est irrésistible. Pour exprimer cela vous devez travailler comme si vous étiez un fantôme. L'énergie du partenaire vient vers vous et vous ne pouvez pas résister – pas plus de quatre onces de pression ne devraient être édifiées – vous devez ne pas être là. Si cela veut dire que vous allez être poussé – comme il en sera presque certainement durant les premières années -, vous encaisserez la force mais vous ne perdrez rien si ce n'est un orgueuil creux. Si vous êtes assidu, votre douceur deviendra une seconde nature et vous vous serez transformé. L'adversaire n'éprouvera jamais votre résistance ni ne sentira votre force sur son corps ; seuls les résultats seront apparents quand il partira voler. Et il sera incapable de concentrer sa force sur vous, que ce soit en attaquant ou en résistant. Vous connaîtrez la méthode et la merveille de faire la poussée des mains "comme s'il n'y avait personne".

Faire la forme comme s'il y avait quelqu'un, est relié plus directement à l'aspect de combat du Tai Chi.

Au stade initial, la pratique doit être consacrée entièrement à éliminer toute tension et toute force dure. A ce niveau n'importe quelle idée martiale – à savoir que tel ou tel mouvement a pour objet de briser un coude ou d'éclater un rein – ne pourrait produire que de la dureté physique.

Une fois l'étudiant devenu doux et commençant à expérimenter le **ch'i** dans sa pratique, il est prêt pour mettre son attention sur autre chose que le simple abandon de la tension. Il doit commencer à faire la forme comme si quelqu'un était là. Non pas avec la force dure et raide mais avec l'outil qu'il a commencé à développer, le pouvoir du **ch'i**. Il doit pratiquer avec l'image – le mot du Maître était "l'idée" – de la concentration du pouvoir massif et intégré de son **ch'i** dans chacune des postures.

Ce n'est pas trivial. La douceur et la sensibilité qu'acquiert l'étudiant apparaissent contradictoires avec les applications martiales mortelles. De nombreux étudiants n'osent pas se confronter au problème. Certains demeurent durs et s'interdisent d'expérimenter l'implacable pouvoir du **ch'i**; d'autres le répriment en transformant la douceur en une danse sans objet.

Comment l'utilisation de son cœur-esprit pour visualiser l'idée d'infliger une blessure fatale peut-elle aller de pair avec l'apprentissage du *Tao* de la douceur, la capacité à harmoniser et à devenir sensible, aimable et tendre ?

C'est le paradoxe que la réelle douceur ne peut venir que de la force. Si l'essence de la personne est faible et craintive, elle peut poser un acte aimable mais la réalité qu'elle manifeste est dure. C'est en étant sur la défensive et en devenant aggressif qu'on compense sa faiblesse interne.

Une transformation est requise qui ne peut avoir lieu lorsqu'on considère le Tai Chi comme une danse vide ou une partie de bousculade.

Lorsque quelqu'un relâche sa tension physique et sa crispation psychologique, permettant au *ch'i* et à l'acceptation de soi de prendre leur place, il grandit en douceur et en puissance.

Les êtres humains n'ont connu la civilisation que durant une mince fraction de l'histoire de l'espèce. Sous les costumes et les vêtements vivent les gènes primitifs. Même sans jamais aucun passage à l'acte, le potentiel de violence est au cœur des jeux auxquels jouent les gens, comme une espèce de texte caché. Les personnes arrogantes l'utilisent pour menacer, les timides craignent de s'y confronter. La capacité martiale permet de comprendre et d'arriver à un accord avec la violence sous-jacente, à la fois à l'intérieur de soi et chez les autres. Cela permet au pratiquant d'arrondir ses angles et de désamorcer ou de dévier l'aggression provenant d'autrui. Plus votre *gung fu* sera profond et moins vous aurez de probabilité de devoir l'utiliser. L'arrogance et la crainte attirent les ennuis, le pouvoir intérieur et la centration produisent le bien-être.

Chapitre 31

En supplément au Tai Chi Chuan le Maître enseignait un vaste ensemble de massages et de techniques pour se maintenir en bonne santé et nourrir le **ch'i**.

Ces massages sont auto-administrés, ils ne consistent pas à masser quelqu'un d'autre. Leur fondement à tous est qu'ils doivent être effectués sans force musculaire. C'est "l'idée" qui, dirigeant le **ch'i**, effectue le massage et l'idée vient du cœur, pas du cerveau. Les mains exercent seulement une pression des plus douces, un simple toucher léger pour guider le **ch'i**.

MASSAGE DES REINS

Le massage le plus important est celui des reins ou, en réalité, du système uro-génital qui est gouverné par les reins. Le système uro-génital est lié au nourrissement et au développement du **ch'i** ainsi qu'à la force des jambes.

Utilisez le dos des poignets pour frotter doucement vers le haut et vers le bas depuis l'extérieur du bas du dos jusqu'à la base de la colonne, l'angle du massage ayant la forme d'un V majuscule. Quarante neuf aller-retours de haut en bas forment le massage complet. Le Maître disait que si vous vouliez faire des mouvements supplémentaires vous deviez faire en sorte qu'ils soient le début d'une nouvelle série entière de 49. C'est le seul massage dont le Maître affirmait que chacun

Professeur Cheng Man-Ch'ing

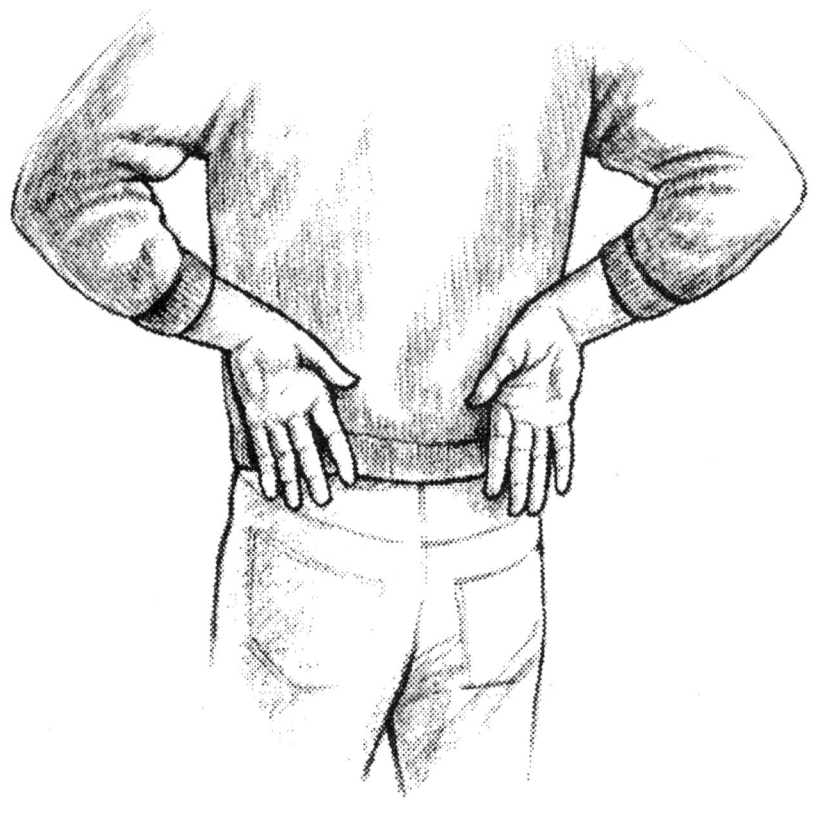

Massage des Reins

Professeur Cheng Man-Ch'ing

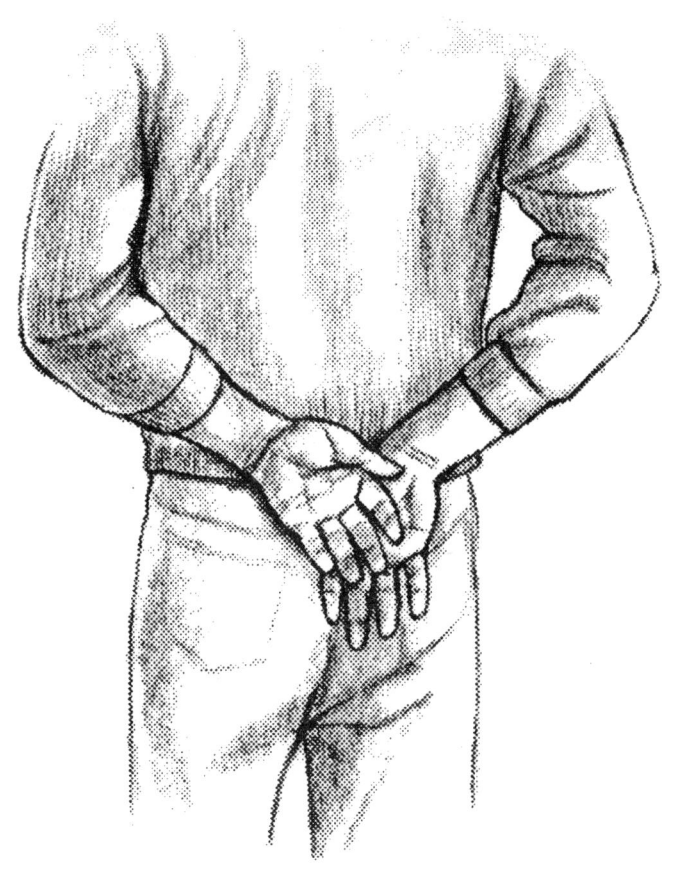

devrait le faire une fois par jour. Les autres massages sont effectués en réponse à des circonstances particulières.

Le Maître précisait le nombre de mouvements pour chaque massage, celui-ci variant d'un massage à l'autre. Je suis incapable de donner l'explication de ces nombres mais j'ai compris une raison pour laquelle il faut compter : les massages sont faits avec le cœur-esprit. Vous ne pouvez pas les faire en parlant ou en regardant la télé. Vous devez être concentré. Compter dirige le mental sur le travail des mains.

MASSAGE DES DOIGTS

En vous servant du bout des doigts de la main qui masse, conduisez le ***ch'i*** sur l'autre main, depuis le poignet jusqu'au bout du pouce, de l'index et du majeur. Puis, inversant la direction, utilisez le bout des doigts pour renvoyer le ***ch'i*** de l'annulaire et de l'auriculaire vers le poignet. Ou encore : faites sortir le ***ch'i*** par les trois premiers doigts, faites-le rentrer par les deux derniers. Massez chacun des dix doigts successivement, vingt et une fois.

Vous pouvez penser aux doigts comme aux becs de tuyaux d'arrosage, l'ensemble du corps constituant le reste du tuyau. La circulation du ***ch'i*** dans le bout des doigts c'est comme la sortie de l'eau à l'extrémité du tuyau, c'est l'indication qu'à coup sûr l'eau ou le ***ch'i*** circule dans le reste du tuyau. Ce massage n'est pas seulement bon pour les mains et les problèmes circulatoires comme l'arthrite mais aussi pour le corps entier.

Le ***ch'i*** joue un rôle central dans la circulation. Le Maître disait que le ***ch'i*** tire le sang comme un cheval tire une charette ; là où va le ***ch'i*** va le sang.

Un bénéfice non négligeable de ce massage est son action sur les migraines. Il a peu d'effet sur les maux de têtes provenant d'indigestion mais il soigne merveilleusement ceux dus à la tension.

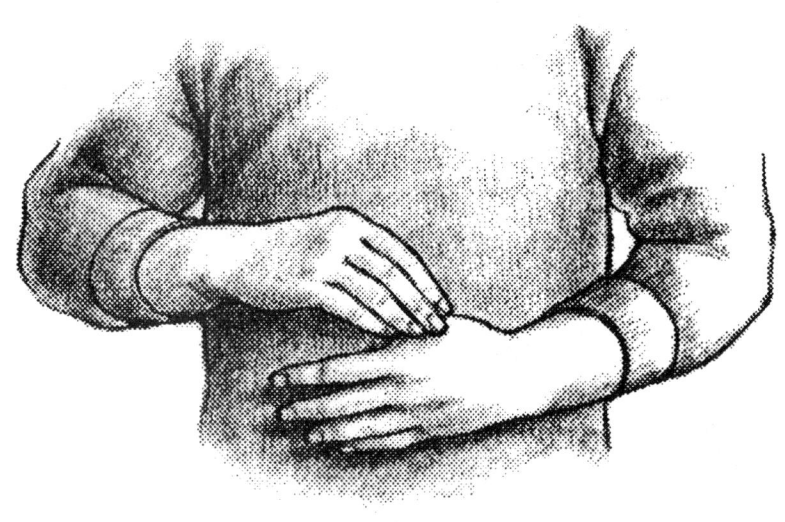

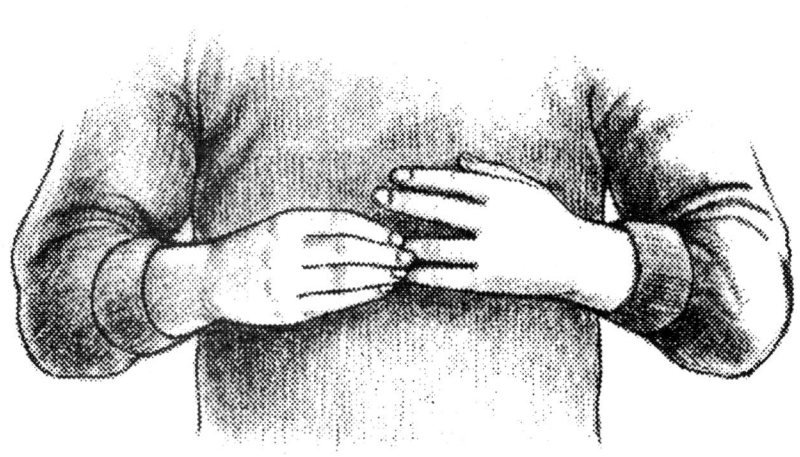

Massage des Doigts

Professeur Cheng Man-Ch'ing

MASSAGE DES YEUX

Placez l'index de chaque main au dessus des sourcils. Fermez les yeux. En vous servant de la première articulation du pouce, massez la face intérieure de l'orbite, au dessus et au dessous de chaque œil. Commencez en démarrant près du nez, le long de la partie inférieure de l'orbite, en un mouvement circulaire jusqu'au coin extérieur, puis vers le haut et le long de la partie supérieure de l'orbite jusqu'à revenir au nez, bouclant ainsi le cercle. Faites ceci 36 fois.

C'est bon pour la vue et pour soulager d'une irritation ou même pour se débarrasser d'un corps étranger dans l'œil.

Ce massage m'a été particulièrement bénéfique. Probablement à cause du nombre d'années passées à travailler comme une machine à traitement de texte, j'avais développé une myopie et j'en étais venu à porter des lunettes. Un jour le Maître me dit que si je désirais travailler sur le problème je pouvais guérir de ma mauvaise vue. Suivant son conseil, la première chose que je fis fut de jeter mes lunettes. Puis, me basant sur le massage des yeux, je débutai leur rééducation, dissolvant la tension qui avait affecté ma vue. J'eus des difficultés pendant quelques mois durant lesquels les films et la télévision ne furent que des taches floues mais, au bout d'un an, ma vue était comme neuve.

De nombreux troubles de vision proviennent de tensions. Le massage envoie le message "détends-toi" à l'œil et, si la tension est bien en cause, la vision s'améliore immédiatement. Cela comporte aussi une subtile leçon : "Si tu pouvais seulement arrêter de tant t'efforcer d'y voir, te détendre et laisser la vision venir à toi, tu y verrais bien. Le problème est que tu as perdu confiance en ta vue et qu'en conséquence tu as essayé de capturer les objets que tu voulais voir". La fatigue visuelle est une sorte de force, de tension, et tout marche mieux sans force ni tension.

Cette qualité de réceptivité qui consiste à simplement laisser les choses pénétrer, aspect du Non-Agir que nous étudions au Tai Chi Chuan, bénéficie à tous les sens. Ne pas forcer, ne pas *essayer* d'entendre vous permet de mieux

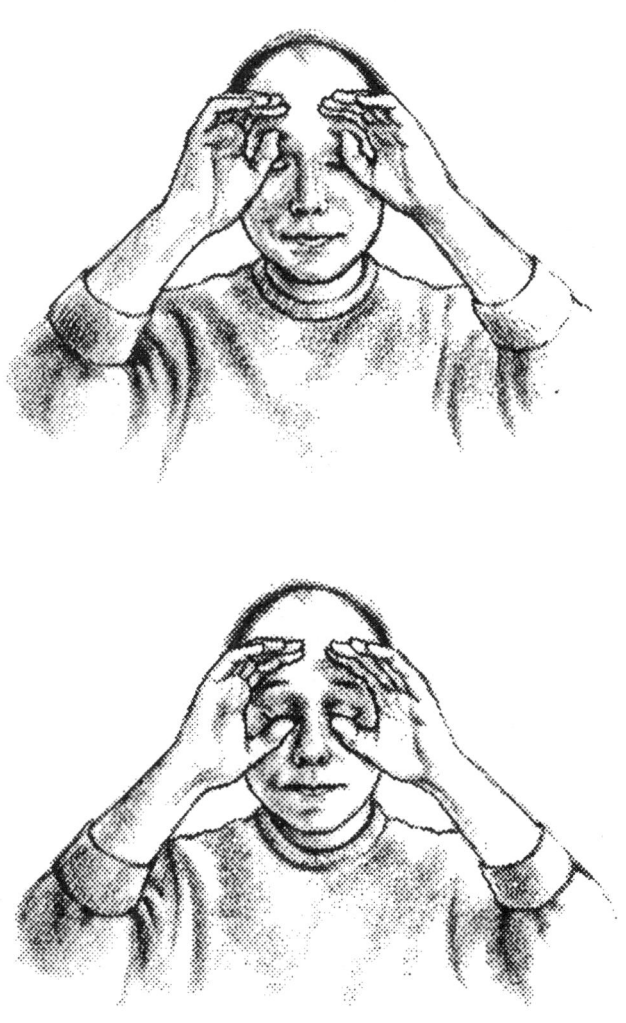

Massage des Yeux

entendre. Relâcher la voix améliore sa qualité, comme tout chanteur le sait. Le secret est d'avoir confiance, de laisser tomber le sentiment que nous devons faire usage de la force pour que les choses se passent, et de se détendre.

MASSAGE DU PIED

Avec le milieu de la paume, passez sur le milieu du pied ("La Source Jaillissante) depuis le talon vers les orteils. Quarante neuf fois pour chacun des pieds. Un bon moment pour pratiquer ce massage est avant de se mettre au lit. Dans le cas d'un refroidissement, le Maître recommandait de frotter du sel sur la plante des pieds, puis de mettre des chaussettes pendant la nuit pour évacuer le froid par la transpiration.

MASSAGE DU COU

Avec le milieu et le bas de la paume des mains, frottez en remontant de la base du cou jusqu'à l'arrière du cou et du crâne. C'est plus efficace que de faire pivoter la tête et le cou.

MASSAGE DU VENTRE

Pour alléger l'inconfort dû à un excès de nourriture et pour aider la digestion, avec la main droite tournez de l'extérieur vers l'intérieur en même temps que vous faites descendre la paume de la poitrine vers le nombril.

Pour diminuer le ventre et perdre de la taille : faites des cercles du poing autour du **tan tien**, 36 fois. Tournez la taille pour suivre la direction du poing comme si vous faisiez la poussée des mains avec vous-même. Le Maître aimait beaucoup ce massage et l'effectuait souvent bien que, comme l'avait noté Bob Smith, cela n'ait eu que peu d'effet apparent sur sa bedaine tenace.

Ce sont les massages essentiels mais une des pensées fondamentales du Maître pour se garder en bonne santé était : 1) de faire le Tai Chi Chuan et 2), en cas de douleur, de frotter. Frotter favorise la circulation du **ch'i** et la présence du **ch'i** est bénéfique pour n'importe quelle maladie physique.

Si vous souffrez d'un coup sérieux, frottez tout en sautant de haut en bas pour éviter que le **ch'i** ne soit piégé dans le corps.

En plus des massages, le Maître enseignait de nombreuses autres techniques et procédés pour se garder en bonne santé. En voici quelques uns :

"Mâchez votre boisson et buvez votre nourriture" était un aspect de la maxime du Maître "Ne mangez ni trop ni trop vite. Les armes que nous devons le plus craindre sont le couteau et la fourchette". "Mâchez votre boisson" nous met en garde contre le fait d'avaler trop vite ; "boire la nourriture" signifie que vous devez mâcher assez pour rendre la nourriture aisée à digérer.

Le Maître nous prévenait contre les aliments ou les boissons trop chaudes ou trop froides. Le "glacé" est un problème particulier dans notre civilisation moderne. "Vous pourriez aussi bien prendre du poison que de manger ou de boire glacé" disait-il.

En vous levant le matin, faites la forme "avant de faire votre toilette matinale". Avez-vous besoin d'uriner juste après le lever ? Buvez quelque chose au préalable ; mangez un morceau avant de déféquer. Si vous faites la forme en premier, vous n'avez pas besoin de manger ou de boire avant d'aller aux toilettes. Et pour les ablutions : lavez-vous la tête le matin et les pieds le soir.

Pour les ecchymoses, les muscles endoloris, les foulures : la toute première chose à faire au lever est de prendre la première salive du matin sur vos doigts et de la frotter sur l'endroit endolori ou blessé. Le Maître disait que la salive produite au réveil avait une vertu thérapeutique particulière. Cela correspond à la rosée pour les plantes : "Enlevez la rosée des plantes et elles meurent".

Souvent il prescrivait l'alcool à des fins médicales. J'aimais spécialement son "remède des deux chapeaux". Dans le cas d'un rhume, disait la prescription, rentrez à la maison et mettez votre chapeau sur le montant du lit. Puis prenez une bouteille de scotch et commencez à boire. Quand vous êtes assez soûl pour voir deux chapeaux sur le montant, rentrez dans le lit, remontez les couvertures et expulsez le rhume avec la transpiration. Que cela marche ou non, cela rend à coup sûr un rhume plus amusant.

Le scotch pour les rhumes, mais le brandy pour les maux d'estomac. La diarrhée, en particulier, semble bien réagir à un petit verre.

Le Maître disait qu'en général l'alcool avait un effet positif sur la circulation du *ch'i*. Il aide à se détendre et réprime la peur – raison pour laquelle la plupart des gens boivent. Les deux aident le *ch'i*. De surcroît un ivrogne est relâché et pesant, principes fondamentaux du Tai Chi Chuan. Il en résulte que quelqu'un de soûl est moins sujet à être blessé par les coups ou les chutes, et sa propre force est accrue comme le savent ceux qui ont déjà eu maille à partir avec un ivrogne.

Il est également vrai que les ivrognes sont souvent blessés et ne sont pas de très bons combattants. Selon le Maître, la différence cruciale entre un ivrogne et un boxeur du Tai Chi est "l'idée", la présence et l'expression du corps-esprit : subtil, ouvert, centré et vif. Toutes choses absentes de l'esprit d'une personne ivre.

La forme du Tai Chi elle-même peut être envisagée comme une série de massages, de remèdes et de préventions des maladies physiques. Les postures sont liées à des zones spécifiques du corps : par exemple "Les Mains-Nuages" pour le cou et les problèmes de dos. Le Maître disait que les Mains-Nuages provenait de la posture animale appelée L'Ours. "Les ours ont un dos solide" disait le Maître. "Si vous regardez des ours au zoo, vous les verrez se balancer d'avant en arrière dans une attitude rappelant les Mains-Nuages".

Ayant l'Ours en tête, le Maître enseigna un mouvement, répété 49 fois, de balancement d'avant en arrière pour fortifier le dos. Les pieds sont placés à une distance de deux fois la largeur des épaules. Comme dans Les Mains-Nuages, vous déplacez le poids et tournez la taille d'un côté de l'autre. Les bras sont relâchés et se balancent avec le changement de poids et la rotation de la taille. Pour ajouter à l'efficacité, laissez aller vos mains à flotter sous l'effet de la vitesse et frapper légèrement la région des reins à chaque balancement.

Les postures en pattes de pigeon de la forme sont aussi bonnes pour le bas du dos ; de même pour Repousser le Singe.

Le Maître disait que la posture la plus importante pour la santé était le Simple Fouet : "C'est la posture de la grande ouverture". Le Simple Fouet est de grande valeur pour traiter la faiblesse pulmonaire. Le fait que le Tai Chi l'ait guéri de son cas de tuberculose "terminale" renforçait probablement l'appréciation du Maître sur cette posture. Il préconisait aussi de répéter le Simple Fouet Vers le Bas pour soulager le désagrément d'avoir trop mangé.

La modération est un thème central dans la philosophie de la santé du Maître. Ne mangez pas trop, "Quittez la table en ayant encore un peu faim". Ne dormez pas trop, "Accordez-vous un peu de sommeil". Même l'exercice peut devenir préjudiciable s'il est fait en excès. Parler et rire ne devraient être extrêmes ni en hauteur ni en volume.

Il nous mettait en garde contre les régimes alimentaires excessifs. Il pensait que les centrifugeuses électriques étaient un problème parce qu'elles rendaient possible la consommation en quantités excessives du *ch'i* d'un aliment particulier, chose que nous n'aurions pas pu faire si nous avions dû user de la mastication et de la déglutition. Il n'était pas d'accord avec le principe de la macrobiotique. "Ces régimes macrobiotiques vous tuerons" disait-il en examinant un jeune adepte au teint blafard.

Il nous recommandait de ne pas rechercher les aliments exotiques. "Le mieux c'est de manger les aliments indigènes à la région où vous habitez. Ils contiennent les qualités nutritives dont une personne de cette région a besoin pour être en bonne santé".

Les émotions ne devraient pas être excessives : "Trop de colère blesse le foie ; une trop grande affliction abîme les poumons ; la peur extrême blesse les reins".

L'art est de trouver l'équilibre en toutes choses. "Il n'y a pas de poison qui ne puisse subvenir à la santé dans la circonstance adéquate ni de 'substance vertueuse' qui, en excès, ne devienne un poison". Le bien-être physique ou psychologique exige la modération. Que ce soit la santé d'un individu, d'une nation ou de la planète, si l'équilibre est rompu, il en résulte l'infortune.

Chapitre 32

L'étude du Tai Chi est un engagement à être présent ; c'est tout à fait l'opposé d'un comportement de dépendance ou d'évasion. Il devient de plus en plus difficile de se mentir ou de fuir la réalité lorsqu'on pratique avec sensibilité et équilibre. De plus, la discipline du Tai Chi comporte des qualités spécifiques qui contribuent à apprendre à faire face à la vie plutôt qu'à s'en évader.

Une des premières idées sur lesquelles doit travailler le débutant est celle de se mouvoir tout d'une pièce, le torse, les épaules et la tête bougeant tous à partir de la taille, "le nez dans l'alignement du nombril". Le regard détendu est aligné avec le centre, sans éparpillement ni anticipation sur le déplacement. C'est un excellent antidote contre la tendance à survoler la vie en regardant perpétuellement en arrière vers le passé ou en avant vers le futur. Le "maintenant" vital est réel ; tout autre temps est une illusion et s'y installer vole à la vie son éclat.

La manière de marcher au Tai Chi Chuan est centrée et assez différente de celle avec laquelle les gens se déplacent. La méthode consiste à "poser au sol un pied vide, comme marche un chat". Ceci contraste avec la tendance commune à placer le poids dans le pied qui est en train d'être avancé. Dans ce "pied vide" à l'image du déplacement d'un chat résident des avantages fondamentaux. Puisqu'il n'y a pas de poids dans le pied, si celui-ci vient à rencontrer un obstacle, il peut être instantanément retiré. Lors d'un déplacement normal, à cause du poids mis dans le pied, ce dernier, une fois lancé en

Professeur Cheng Man-Ch'ing

avant, est contraint de continuer – et c'est le faux-pas s'il rencontre un obstacle inattendu ou qui n'avait pas été vu.

Dans la mesure où le pratiquant intègre la qualité du mouvement du Tai Chi dans sa vie, il découvre qu'il arrête de se cogner aux choses. Le fait de ne plus tomber à chaque pas apporte la possibilité de se retirer aisément et instantanément devant des obstacles inattendus.

Le déplacement du Tai Chi vient de l'équilibre et de l'enracinement sur le pied porteur, à l'inverse d'une marche qui consiste à tomber de pas en pas. Ceci conduit à une stabilité et une vivacité bien meilleures, ce qui est une raison pour laquelle il est si difficile de prendre un bon pratiquant de Tai Chi par surprise et aussi pourquoi celui-ci peut être si détendu.

Etre alerte comme le chat, qualité appellée **ling**, ce devrait être l'état du pratiquant lorsqu'il se tient debout tranquille, assis ou au repos. Quand il est debout, le poids doit reposer principalement sur une jambe plutôt qu'être également réparti sur les deux. Avec le poids sur l'une des jambes, le mouvement peut être instantané. Avoir le poids sur les deux jambes, le double-poids, c'est être stagnant ; ce n'est pas **ling**.

Le Maître un jour était assis et buvait du thé, parlant avec un ami, lorsqu'un autre ancien s'approcha subrepticement derrière lui pour tester son **gung fu** d'une vigoureuse bourrade dans le dos. Le Maître instantanément fit le vide devant le coup et, ne rencontrant aucune résistance, ce fut l'ancien qui fut pris par surprise, trébucha par dessus le Maître et faillit tomber. Le Maître n'avait pas renversé une goutte de son thé.

Il enseignait qu'en étant assis sur une chaise on devait être vivant, pas stagnant. La méthode consiste, même assis, à maintenir la qualité d'enracinement, les pieds supportant le poids. "Le dossier de la chaine est fait pour y mettre votre veste" disait le Maître. En d'autres mots vous ne devriez pas vous y appuyer, perdant ainsi votre **ling**.

Soyez assis en équilibre sur le bord de la chaise. "Si vous êtes vraiment fatigué" disait-il, "ne vous affaissez pas sur une chaise. Allongez-vous et allez dormir".

Il faut remarquer que même le sommeil ne saurait soustraire son *ling* à un pratiquant de Tai Chi. Le Maître raconta un évènement survenu à Taiwan par une nuit humide et très chaude. Madame Cheng, leur enfant nouveau-né et le Maître déménagèrent hors de la chambre, mirent un matelas sur le sol du salon où il faisait plus frais et se couchèrent. Au milieu de la nuit le Maître se retrouva soudain assis, le dos dressé, supportant péniblement une lourde plaque métallique qui était tombée d'une manière ou d'une autre du manteau de la cheminée et aurait atteint sa femme et son enfant s'il ne l'avait attrapée.

L'histoire avait un relent de magie jusqu'à ce que, de nombreuses années plus tard et en deux occasions, je me vis moi-même réveillé en sursaut d'un profond sommeil, ayant intercepté un lourd coup dirigé contre moi par celle qui partageait ma nuit – une bien longue histoire évidemment – avec absolument aucune idée de ce qui m'avait réveillé dans cette fraction de seconde.

Les classiques ainsi que d'autres écrits sur le Tai Chi font souvent référence à cette qualité féline. Les gens dont le mental a été conditionné pour sauter sans cesse du passé au futur, qui s'ennuient et s'angoissent quand ils ont moins de vingt choses à faire en même temps, jugent que la qualité de concentration détendue du chat sur le présent est une imbécillité. J'avais une impression semblable quand j'ai commencé à étudier la manière dont le vieil homme faisait la poussée des mains. Il avait une étrange qualité de non-anticipation vis à vis des personnes avec lesquelles il jouait. Vous pouviez voir le mental de son partenaire carburer, "Qu'est-ce qui va se passer si je fais ça ? Qu'en est-il de cette tactique ?", bavardage, bavardage, bavardage. Le Maître restait au repos, présent, paraissant stupide à mon mental, sans pensée ou préconception apparente, attendant simplement patiemment ce qui allait suivre, comme un chat attend pour attraper un oiseau.

Ling est lié à cette qualité d'éveil alerte qui est l'essence de la pratique du Tai Chi. Le **ch'i** est la base de la vie, cette "chose" mystérieuse qui précède la circulation et toute la mouvante chimie et les phénomènes électriques du corps.

L'absence de **ch'i** c'est la mort. C'est le fondement de l'affirmation du Maître, "La douceur est le **gung fu** de la vie, la dureté, le **gung fu** de la mort". Là où il y a douceur, le **ch'i** peut circuler et ainsi l'organisme – que ce soit une personne ou une planète – est en vie. La dureté est rigidité, absence de circulation ; le **ch'i** est parti, le résultat c'est la mort. En anglais l'expression familière pour un cadavre c'est "un raide (*)".

(*) en anglais : "a stiff" – ndt –

Chapitre 33

Le Maître n'enseignait pas d'exercices de **Ch'i Kung** supplémentaires parce que l'âme du Tai Chi c'est le **Ch'i Kung** ("**Ch'i Kung**" : la discipline du nourrissement et du développement du **ch'i**).Dans notre Tai Chi toute chose est enracinée dans son rapport au nourrissement et au développement du **ch'i**.

Le Maître n'enseignait rien qui ne puisse être senti ou touché. Si nos têtes sont connectées au ciel, nos pieds doivent être fermement enracinés dans la terre. Il nous avertissait, par exemple, si nous éprouvions le besoin de compléter notre Tai Chi avec de la méditation assise, de nous "méfier des visions. C'est l'indication que vous êtes hors du chemin et ça peut-être dangereux pour votre santé". La méditation supplémentaire recommandée était de s'asseoir jambes croisées à même le sol, ou sur une chaise, les pieds posés par terre. "Autrefois, quand les gens s'asseyaient par terre en position du lotus, c'était bien plus sain.", disait-il, "à cause de l'avantage qu'il y a à avoir les pieds près du **tan tien**. Toutefois la position du lotus est trop difficile si vous ne l'avez pas pratiquée, dans ce cas s'asseoir sur une chaise, c'est OK". On doit s'asseoir détendu et droit, les mains jointes sur le ventre, le pouce de la main gauche en contact avec le majeur, le pouce de la main droite inséré dans le cercle formé par le pouce et le majeur gauches et reposant contre la dernière phalange de l'annulaire gauche. Les autres doigts de la main droite sont posés sur l'extérieur des doigts de la main gauche. L'entière concentration de la méditation doit être "le **ch'i** et le cœur-esprit veillant mutuellement l'un sur l'autre dans le **tan tien**". Le Maître soulignait aussi que ce type de méditation n'était pas nécessaire à notre pratique : "Beaucoup de gens semblent ressentir le besoin d'effectuer une méditation assise ; par égard pour eux, pour ne pas qu'ils se perdent, je donne cette méthode".

Je crois que son hésitation était due au fait que l'idée du **ch'i** dans le **tan tien** peut et doit être pratiquée aussi souvent que possible et en toutes circonstances : "en voiture, en train, en marchant, en mangeant".

Le Tai Chi lui-même est méditation. "Vous ne devriez pas transpirer en faisant la forme ou la poussée des mains" disait le Maître. "Vous ne transpirez pas quand vous méditez donc vous ne devriez pas transpirer en faisant le Tai Chi" (Transpirer est une indication de la dispersion du **ch'i**).

La méditation du Tai Chi est faite pour le **ch'i** : lorsque vous effectuez la forme vous devriez imaginer que l'air possède la substance de l'eau. L'importance de cette idée se retrouve dans le nom souvent donné au Tai Chi : "la nage à sec". Plus vous ressentez l'air comme de l'eau, plus fort est votre **ch'i**.

L'allure stable et uniforme de la forme – "comme tirer le fil de soie du cocon pour le dévider" – le déplacement d'une seule pièce, l'enracinement et la colonne droite, tout concourt à developper le **ch'i**. La détente elle-même, ce fondement de l'étude, a pour objet d'éliminer tous les blocages, les tensions et la force dure, de manière à ouvrir les réseaux de communication du corps à la circulation du **ch'i** et à son accumulation.

Chapitre 34

Le principe de combat au Tai Chi tient que "La bataille est terminée quand les épées se croisent". Lorsque deux combattants viennent au contact, le plus doux percevra l'intention de l'autre. A un niveau avancé, cette subtile fraction de seconde de compréhension de l'intention suffit à la victoire. Aussi une longue pratique de cet incessant va-et-vient qu'est la poussée des mains vise à développer l'attitude juste, la capacité à prendre en compte l'instant crucial du premier contact. Lorsque je suis saisi, est-ce que je résiste durant cette première fraction de seconde ou est-ce que j'accompagne instantanément l'intention de l'adversaire ? Si je peux accompagner son idée il va partir voler mais, si au premier instant je résiste, ne serait-ce que légèrement, ce sera déjà trop tard.

Vous devez être complètement détendu, sans aucune résistance. Si vous êtes juste à 99%, vous êtes faux à 100%. C'est pour cela que le Tai Chi peut être si frustrant : un pratiquant peut grandement progresser dans la maîtrise de son ego mais payer le prix d'un petit résidu de résistance en une fraction de seconde de dureté qui sabote ses meilleurs efforts.

Le principe c'est d'être complètement détendu et réceptif. "Quelle est l'intention de mon adversaire ?", je vais me détendre et attendre sa manifestation. Cela peut être **yin** ou **yang**, attaque ou retraite – ça ne peut être que l'un ou l'autre bien qu'il existe d'infinies variations sur ce thème. Quoi que ce soit, je suivrai. Il est dans la nature de la plupart des situations martiales que l'adversaire commence par attaquer plutôt que par reculer. "Enrouler en arrière" *[se retirer – ndt]* est la réponse du Tai Chi à une attaque : laisser le passage à la force de l'assaillant, tourner pour l'esquiver et retourner en même temps la force pour l'envoyer valdinguer.

Dans la poussée des mains, la qualité fondamentalement réceptive et non aggressive du Tai Chi s'exprime d'elle-même dans la capacité à se confronter avec l'adversaire lorsqu'il est dans sa position la plus solide et la plus stable.

"Vous devez lui donner ce qu'il désire". La poussée des mains est une métaphore d'une situation de combat et, dans un combat, vous ne pouvez pas vous attendre à ce que l'adversaire choisisse autre chose que sa position la plus solide. Ainsi pour maîtriser le Tai Chi vous devez être capable de jouer à partir de la position qui semble la plus faible et d'accorder à votre partenaire la position favorable, qui est à l'évidence substantielle. Si vous ne pouvez gagner qu'à partir de positions substantielles, vous dépendez de la force ; vous ne faites pas du Tai Chi. ==Le Maître disait qu'apprendre à neutraliser est dix fois plus difficile que d'apprendre à pousser mais que c'est seulement lorsque vous pouvez neutraliser que vous faites réellement de la boxe Tai Chi.==

Pour être capable de neutraliser et de jouer de la jambe arrière vous devez être enraciné. Pour développer l'enracinement vous devez vous donner beaucoup de mal. C'est l'une des raisons pour lesquelles le Tai Chi est si bon pour la santé et pourquoi il y a des maîtres de 70 et 80 ans capables de démontrer une habileté fantastique plutôt que d'en parler depuis une chaise.

Ben Lo disait à propos de se donner du mal que "dans votre jeunesse vous pouviez soit vous donner du mal et être plein de pouvoir dans la vieillesse, soit négliger de vous donner du mal et avoir une vieillesse pleine de douleur".

Le Maître n'aimait jamais voir ses élèves s'asseoir au milieu du cours. "Vous étudiez le **gung fu** ici" disait-il. "Quand je vous parle vous pouvez continuer à pratiquer. Restez debout, le poids sur une jambe ou sur l'autre. Jamais réparti également. Avec le poids principalement sur une jambe vous n'êtes pas en double-poids ce qui signifierait stagner et ne pas être alerte. Et avec le poids sur une jambe vous travaillez votre enracinement." Il nous encourageait à garder cette attitude en toutes situations, pas seulement pendant le cours. Se tenir debout, le poids sur une jambe, pratiquer le **gung fu**.

Même "investir dans la perte" procurait un bénéfice supplémentaire dans le développement de l'enracinement. "Chaque fois que vous vous détendez et que vous vous autorisez à être poussé correctement, vos racines poussent un peu plus".

On demanda une fois au Maître "Quand-est-ce que mes jambes arrêteront de me faire mal ?"

"Quand vos jambes arrêteront de vous faire mal, vous aurez arrêté de progresser" fut sa réponse.

Chapitre 35

Ce avec quoi nous jouons dans la poussée des mains est le cœur de nombre de nos problèmes relationnels. Durant le cours de poussée des mains, la conversation suivante est banale :

Permier Etudiant : "Tu es trop dur, tu me pousses comme un train de marchandises !"

Second Etudiant : "Eh bien tu n'est pas doux, tu ne cèdes pas du tout ; tu es comme un mur de briques !"

Tous les pratiquants de poussée des mains ont fait l'expérience de ce conflit. La leçon qu'il contient est que si, lorsque je pousse, je constate que mon partenaire s'efforce de résister, la faute en est aussi à mon propre usage de la force – si je n'étais pas si insistant, il ne pourrait pas me résister. Inversement, si je sens s'édifier contre mon corps la force de mon partenaire, c'est à cause de ma résistance – s'il n'y avait aucune résistance il n'aurait rien contre quoi pousser. "Il faut être deux pour le tango" ; dans la poussée des mains, un combat ou dans la vie, le conflit est basé sur un accord entre deux parties.

Maître Cheng traite ce problème dans ses *Treize traités*: "Lorsque deux personnes œuvrent avec une même scie, leur force doit être régulière pour qu'il n'y ait de résistance dans le mouvement ni vers l'avant ni vers l'arrière. Si l'une des parties modifie juste un peu la force jusque là équilibrée, les dents de la scie peuvent se coincer. Si l'autre laisse la scie se coincer, je ne peux pas continuer à tirer en arrière et la libérer, quel que soit l'effort que je fasse. Je dois d'abord l'envoyer vers l'avant pour reprendre l'ancien mouvement.

Renoncer à soi-même pour suivre les autres. Quand on peut être en accord avec la force, on peut parvenir à la merveille de la neutralisation.

Si l'adversaire bouge seulement légèrement, j'aurais précédé le mouvement. En d'autres termes, si l'adversaire use de force pour presser en avant, j'ai déjà tiré en arrière. S'il a utilisé la force pour tirer en arrière, je l'ai précédé en envoyant mon énergie en avant."

La dureté, l'égotisme et l'entêtement sous-jacents au conflit ont aussi des retentissements sur la santé. Dans son commentaire de Lao Tzu, le Maître disait : "Si l'obstination est trop forte, cela n'endommagera pas seulement l'énergie essentielle mais jusqu'à la racine et au tronc qui permettent à la vie de durer".

Chapitre 36

Jadis en Chine, nous raconta le Maître, la confiance en soi signifiait que "quelqu'un se sanglait une épée dans le dos et, s'il savait s'en servir, il n'y avait aucun endroit où il ne pouvait aller".

L'épée apprend comment l'application des principes du Tai Chi s'étend à l'usage d'un objet, d'un outil ou d'une arme. L'épée est une extension de votre main et de votre *ch'i*. Le bras doit être complètement relâché pour que le *ch'i* passe du sol jusque dans l'épée. Toute contraction, toute tension dans le bras et l'épaule bloque le flux du *ch'i* et vous oblige à manœuvrer l'épée au lieu de la laisser flotter. Déplacer le poids, tourner la taille permet à la gravité et à la force centrifuge de mouvoir l'épée. Si la forme est faite comme il faut, le pratiquant sent qu'il suit le mouvement propre de l'épée; l'épée paraît presque vivante.

L'escrime contient les mêmes principes relationnels "écouter" et "coller" qui sont présents dans l'exercice de la poussée des mains mais elle y ajoute la dimension du déplacement des pieds. La poussée des mains se sert de positions fixes des pieds pour exercer la taille. A l'épée vous déplacez les pieds pour obtenir l'avantage dans le positionnement.

Au lieu de coller par les mains, les épéistes collent épée contre épée et écoutent le centre au travers de l'arme. Comme dans la poussée des mains, vous ne résistez ni n'insistez mais vous sentez la force de l'adversaire ou sa résistance et avancez vers son centre en la contournant à la manière de l'eau d'un torrent passant autour d'un rocher. Comme dans la poussée des mains vous ne devez pas vous fier au dégagement ou à la vitesse. Collez, et répondez à la vitesse par la vitesse, à la lenteur par la lenteur. Votre sensibilité vous permet – selon les mots du Sage de la Guerre, Sun Tzu – "de partir après votre adversaire mais d'arriver avant lui".

La capacité d'un expert de Taï Chi-épée à paraître bien plus rapide que son adversaire n'est pas fonction des réflexes. Le Maître, dans ses soixante-dix ans, ne pouvait avoir la rapidité de réflexe d'un adversaire plus jeune. Il "arrivait le premier" parce qu'il entendait l'idée de son adversaire avant que ce dernier en soit conscient et sa compréhension à "coller" lui donnait l'avantage, son épée ayant moins de chemin à parcourir que celle de son adversaire. La sensibilité et son effet sur la relation entre distance et vitesse, voilà comment une personne assez agée peut dominer la vitesse d'adversaires plus jeunes, même nombreux.

La sensibilité permet aussi de se servir de l'effet de levier pour "dévier mille livres avec quatre onces" et de retourner instantanément la force de l'adversaire. A l'épée, ce qui est retourné c'est un contre, de taille ou d'estoc.

Chapitre 37

Au cours des dix ans qu'il passa à enseigner à New York, le Maître revint en trois occasions à Taiwan pour de longs séjours. Durant les semaines précédant le départ, il réduisait ses activités et se reposait, "comme on laisse une plante se reposer avant de la rempoter".

Un mois avant son second voyage, il fut annoncé qu'il ferait un discours d'adieu à l'école dans lequel, entre autres choses, il révèlerait ses trois secrets de vie.

L'après-midi du discours, l'école était bondée. Bien plus d'une centaine d'élèves se pressait pour le voir avant qu'il parte et pour recevoir les trésors qu'il avait promis. Presque tous avaient un carnet de note ou un magnétophone – la séance était aussi enregistrée en vidéo. Nous pouvions être assurés que les trois secrets de la vie n'échapperaient pas à notre compréhension.

L'assemblée parlait et s'agitait tandis que les techniciens responsables de la vidéo et de l'enregistrement s'affairaient fébrilement à préparer leur équipement. Maître Cheng était assis sur une petite plateforme, face au public, patientant tranquillement. Finalement il commença :

> Bientôt je vais partir et rentrer à Taiwan pour un moment. J'ai saisi l'occasion de la fin des cours de Tai Chi pour dire quelques mots.
> Les principes de Lao Tzu sont les principes fondamentaux du Tai Chi Chuan. Au Tai Chi

vous faites des exercices physiques, mais le principe est chez Lao Tzu.

Lao Tzu prôna les principes du **Tao** il y a 2500 ans. Les principes sont basés sur le **Livre des transformations**, le plus ancien des classiques chinois. Il y a trois principes fondamentaux d'après le **I-Ching**:

Le **Tao** du ciel. C'est à dire le positif et le négatif, les deux forces dont l'action et la réaction gouvernent toutes choses.

Le **Tao** de la terre. Toutes les choses matérielles sont gouvernées par la douceur et la dureté.

Le **Tao** de l'homme. Les principes de bienveillance et de droiture gouvernent le comportement des êtres humains.

Parmi ces trois principes du **Tao**, Lao Tzu prit le premier et le second pour formuler sa théorie de la femelle l'emportant sur le mâle et la douceur sur la dureté. Lao Tzu n'utilisa pas le troisième principe du **I-Ching**, le **Tao** de l'homme. Il ne croyait pas dans le **Tao** de l'homme parce qu'il pensait que les actions des hommes étaient fausses. C'est pourquoi il prôna le Non-Agir. Mais sans les principes de bienveillance et de rectitude comment pouvons-nous motiver l'espèce humaine ?

Les êtres humains doivent discuter du **Tao** de l'homme. Confucius, un contemporain de Lao Tzu, consacra son enseignement au **Tao** de l'homme.

La différence entre Lao Tzu et Confucius c'est que Lao Tzu mettait l'accent sur la longue vie et la vision éternelle tandis que Confucius disait "si je peux connaître le **Tao** de l'homme, je peux mourir le soir même sans un regret".

Moi, Cheng Man-ch'ing, je suis de l'opinion que le **Tao** du ciel, de la terre et de l'homme sont trois trésors. Puisque nous sommes humains, ça ne vaut rien de n'apprendre que le **Tao** du ciel et de la terre. La compréhension du **Tao** de l'homme et un comportement qui s'y accorde nous permettrons d'apporter une grande contribution à la fois à nous-mêmes et à l'humanité.

Lao Tzu aspire à une société simple où l'homme peut retourner à son état primordial. Confucius croit qu'en tant qu'êtres humains nous ne pouvons pas échapper au monde et donc que nous devons apprendre à bien nous comporter de manière à assurer notre bonheur.

Lao tzu voulait que l'on obtienne de vivre longtemps et en bonne santé. Son principe était basé sur la respiration du **ch'i**, le nourrissement du corps, en faisant venir le **ch'i** au **tan tien**. Si vous pratiquez assez longtemps vous obtiendrez ce bénéfice d'une vie longue et en bonne santé.

L'étude du **Tao** de l'homme par elle-même n'apporte pas grand chose. A quoi bon avoir le **Tao** de l'homme si vous mourez ? Ce qui est désirable c'est d'avoir une bonne santé pour pouvoir manifester le **Tao** de l'homme.

Etudiez les deux faces de la médaille – Confucius et Lao Tzu – pour parfaire votre connaissance.

L'essence du principe de Confucius est basée sur "Le Juste Milieu" : si j'aime quelque chose, vous l'aimerez aussi. Si je n'aime pas quelque chose, vous non plus.

Maintenant, changeons de sujet. Comme je vais partir, je veux répéter quelques mots sur la manière de cultiver le **ch'i**, comme ça vous n'oublierez pas.

Quand vous devenez excités, votre cœur bat vite. Si vous avalez le **ch'i** dans le **tan tien**, les pieds fermement plantés dans le sol, vous allez vous apaiser, vos organes internes vont être en harmonie et c'est principalement comme ça que vous serez en bonne santé.

A côté de la manière de cultiver le **ch'i** en le dirigeant dans le **tan tien** il y a quelques points secondaires importants que je veux mentionner.

Tout d'abord ne bougez pas trop vite. Mettons que vous traversiez la rue et que soudainement une voiture arrive à fond, droit sur vous. Vous sautez de côté pour vous mettre hors de sa trajectoire mais la voiture avait fait un écart pour vous éviter et c'est ainsi que vous avez bondi pour vous retrouver juste devant elle. Si vous étiez resté lent, il y aurait eu une chance qu'elle vous évite. Donc ne bougez pas trop vite et, en toutes circonstances, demeurez tranquilles et calmes.

Ne vous précipitez pas non plus pour changer de vêtements avec les changements de saisons. Souvent il arrive qu'un jour d'hiver soit soudainement chaud et beaucoup de gens échangent leur vêtements d'hiver contre une chemise légère. Mais le **ch'i** de la terre est encore froid et c'est bien de la chance si ces gens n'attrapent pas un refroidissement. C'est également vrai quand on passe du chaud au froid.

Ne mangez pas trop. Quand vous avez faim n'engloutissez pas votre nourriture trop vite, vous vous feriez du mal. Mangez lentement et arrêtez vous toujours en ayant encore un petit peu faim.

Il y a encore un point que je veux examiner. Dans les six dernières années que j'ai passé à New York j'ai observé des choses qui laissent à désirer. Lao Tzu disait de s'harmoniser avec la lumière et de faire de même avec la fumée et la poussière. Il y en a un certain nombre qui vont à l'encontre de ce principe, qui veulent agir à leur façon, qui veulent être différents. Il vaut mieux s'harmoniser avec les autres.

> J'entends aussi tant de paroles sur l'amour. Le concept d'amour chez Confucius se rapportait au mari et à la femme, à l'homme et à la femme, pas **aux femmes**. Si un homme et une femme éprouvent un amour authentique, ils vont rester ensemble sans chercher à changer [de partenaire – ndt –]. Et de même, si vous vous mariez et n'engendrez pas d'enfant, vous ne suivez pas le **Tao** du ciel et de la terre.
>
> Parmi mes amis, il y en a qui traitent l'amour avec légèreté. Ils folâtrent un moment sans amour véritable. Si l'on traite la vie avec légèreté – juste en folâtrant – après un temps, la santé s'en va et la vie ne dure alors pas longtemps.

Le discours finit sur cette note. A travers le grouillement de l'auditoire, le consensus semblait être que cette conférence était l'une de ces périodiques douches froides qui pimentaient notre expérience du vieil homme.

J'étais très déçu. Au lieu de ses "secrets de vie" promis – il était évident qu'il avait découvert quelque chose de transcendant – j'avais reçu à la place une philosophie aride agrémentée des mêmes conseils habituels sur la conservation du **ch'i** et d'autres menues bricoles.

Je voyais où il voulait en venir. Cette année il avait donné une série de lectures sur Lao Tzu. A son retour de Taiwan il commencerait des lectures sur celui qu'il aimait vraiment, Confucius.

Il me semblait que, sur un certain plan, le vieil homme avait été malhonnête. Il avait obtenu son grand pouvoir de Yang Cheng-fu qui était absolument illettré et – rapportait la rumeur – de mystérieux magiciens taoïstes qui, certainement, ne se préoccupaient pas de philosophie abstraite.

Maintenant, en prenant de l'âge, il devenait grincheux et moraliste, gardant cachés ses réels secrets tout en nous tançant, nous hippies, avec des trucs éculés selon lesquels "nous ne devrions pas folâtrer" ou que "le mariage c'est pour faire des enfants" ou, le pire de tout – pour ceux d'entre nous qui sympatisaient avec le mouvement contre la guerre du Vietnam qui atteignait alors son crescendo – il se faisait l'écho de l'acharnement belliciste du pouvoir avec sa foutaise confucéenne de ne pas agir par nous-mêmes et de vouloir être différents au lieu de nous harmoniser avec la société.

A cette époque, même la Chine avait proscrit l'enseignement de Confucius comme étant réactionnaire et dépassé. "Ca doit vraiment lui être resté en travers de la gorge" pensais-je.

Lorsqu'il revint de Taiwan il donna deux séries de lectures sur l'enseignement de Confucius, "La Doctrine du Milieu" et "Le Grand Enseignement". J'en suivis une, m'ennuyai ferme et sautai la seconde, les seuls entretiens qu'il ait donné que j'aie manqué durant le temps où j'étudiais avec lui.

Réfléchissant 20 ans après sur ce discours, je suis encore une fois impressionné de combien le vieux a grandi en pertinence avec les années. J'apprécie bien mieux la directive du Maître enjoignant "d'harmoniser" les enseignements de Confucius et de Lao Tzu et les principes qui les sous-tendent.

Le développement spirituel ne peut avoir lieu dans un vacuum éloigné des affaires de nos semblables humains. Que les particularités de l'enseignement de Confucius tiennent encore la route après 2500 ans, voilà pour moi un point discutable. Mais le cœur de l'enseignement est intemporel. Les deux thèmes centraux sont **Jen** et **Yi**, généralement traduits par Bienveillance et Rectitude. **Jen** est aussi traduit par "Amour", constitué de l'idéogramme représentant "l'homme" combiné avec l'idéogramme représentant "deux". Deux être humains. Comment deux êtres humains se comportent-ils ? Confucius disait : "Ne faites pas à autrui ce que vous ne voudriez pas que l'on vous fasse".

La Bienveillance ne va pas seule. Elle est équilibrée par l'idée de Rectitude. Le Maître disait que le caractère **Yi** signifie juste et faux. "Non pas" disait-il "un peu juste et un peu faux. C'est soit l'un, soit l'autre". Justice.

L'étude du **Tao** de l'homme implique d'explorer **Jen** et **Yi**, Amour et Justice, par la pensée et par l'action. Aimer, exprimer l'amour de tout son être est l'un des secrets de la vie. C'est la base de la vie avec son semblable comme avec soi-même. La difficulté survient quand Amour n'a pas Justice pour l'équilibrer. L'amour s'étend naturellement à l'autre – deux êtres humains – mon enfant, ma femme ou mon ami mais qu'en est-il des gens souffrant en Amérique Centrale ? La Bienveillance nécessite le garde-fou du juste et du faux pour contrebalancer cette limitation qui fait qu'on est capable d'aimer sa famille, ses voisins ou son pays tout en ignorant ou en perpétuant l'injustice sur l'étranger qui n'est qu'une statistique ou un sous-homme.

L'étude du **Tao** du ciel et de la terre et l'étude du **Tao** de l'homme requièrent des procédés très différents. Accomplir le **Tao** du ciel et de la terre exige un désapprentissage essentiel, laisser tomber ce qui bloque le **ch'i**: la tension physique, les exigences de l'égo et le conditionnement dû à la peur. Nous avons à "apprendre" comment avoir foi dans l'enfant cristallin, arriver à embrasser le sage dans notre âme qui est déjà une avec le **Tao** du ciel et de la terre.

Le **Tao** de l'homme est moins transcendant et plus épineux parce qu'il implique le mental et l'égo, plein d'illusion, plutôt que l'âme omnisciente. Le processus implique d'acquérir la connaissance du monde.

Lao Tzu et Confucius, à ce qu'on prétend, se seraient rencontrés et la réaction de Confucius fut d'admettre que son enseignement ne s'appliquait pas à Lao Tzu parce que "Lao Tzu est un dragon".

En nous rapportant cette anecdote le Maître expliqua que pour suivre les enseignements de Lao Tzu on se devait de vivre seul au sommet d'une montagne. "Vivre dans le monde requiert la connaissance du **Tao** de l'homme".

Distinguer le juste du faux n'est pas inné, bien que de nombreux chercheurs spirituels discuteraient de cette affirmation. C'est le summum de l'ignorance, si ce n'est de l'arrogance, de penser qu'il nous suffit de suivre notre cœur pour connaître ce qui est juste dans n'importe quelle situation sociale particulière. Ce que les chercheurs spirituels considèrent être généralement des émanations du cœur – la sagesse divine – n'est souvent qu'un condensé de propagande intériorisée, le conditionnement des média, de l'école et de la famille, des attitudes sociétales et des préjugés invétérés. Il faut une étude en profondeur, de la discipline intellectuelle et du courage pour séparer la vérité de la propagande et équilibrer ainsi Amour et Justice dans le monde et dans nos vies.

Le défi le plus profond, selon les termes du Maître, est "d'harmoniser les deux enseignements" : s'éveiller à la sagesse de l'âme et la combiner avec la compréhension développée du mental, produisant ainsi les sages guerriers dont nous avons besoin dans cette crise de l'histoire humaine.

Wolfe Lowenthal est né en 1939 à Pittsburgh et a commencé à étudier le Tai Chi Chuan en 1967 avec le Maître Cheng Man-ch'ing, à New York. Pendant des années il a travaillé comme dactylographe, scénariste et pacifiste. Actuellement il vit, étudie et enseigne dans son école, The Long River Tai Chi Circle dans la ville de New York.

Achevé d'imprimer sur les presses
du département «Edition» d'Imagipub
à Jeumont